我的家
我来设计

101 个小空间大格局
聪明设计小绝招

HOME DESIGN

原点编辑部 著

云南出版集团

云南人民出版社

目录

第二章
家居单品

第一章

设计案例

当餐桌成了书桌、墙面成了画布，塑造亲子相伴空间

文：蔡婷如　图片提供：直学设计

面积： 86平方米 | **格局：** 客厅、餐厅、厨房、主卧 | **家庭成员：** 夫妻+1子 | **房主职业：** 上班族 | **建材：** 黑板漆、实木薄片、铁件、黑铁烤漆

📍 一物多功能

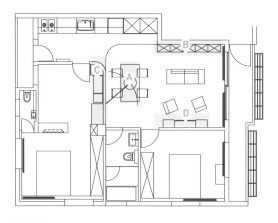

墙面＝隔断＋画布＋主墙面

桌子＝餐桌＋工作桌＋阅读桌

当空间兼具客厅、餐厅、书房、游戏间等功能，散落其间的物件都身兼数职，比如桌子可当书桌、工作桌、阅读桌来使用；书柜同时是收纳柜和鞋柜；墙面能用作画布等。这样的空间是有趣的，因为它能将全家人的生活习惯容纳在一起，一家人各自占据一角，静静做事的同时还能看得到彼此，有利于彼此间的情感交流，物件功能也随之提高。

书柜＝鞋柜＋收纳柜

柜体＝展示
＋视听角落

柜体是书柜也是展示柜、收纳柜。尾端墙壁不仅是隔断墙，还漆上了黑板漆，成了孩子的最佳画布。

**餐桌、书桌、工作桌
融为一体**

桌 子

房主重视家人间的情感交流，
将书柜设置在客厅，置放在厨
房旁的木桌自然地成了吃饭时
的餐桌、阅读时的书桌。

**书柜、鞋柜、收纳柜
以大柜体整合**

书 柜

书柜设立在大门边，设计师
特地规划成占据一整面墙的
大柜体，作为鞋子和杂物的
最佳收纳区。

C

墙 面

黑板漆墙面是主墙也是孩子的游戏墙

喜欢纯粹质感的房主，室内仅做基础装修，因此占据一大面墙的黑板漆墙，不仅成功区隔开卧室与客餐厅，还可供孩子随意涂鸦玩耍，也成为一进门便吸引目光的主视觉墙面。

D

柜 体

舍弃电视，用柜体塑造视听角落

客厅内并未摆放电视，改用柜体塑造视听
与阅读角落。上层的开放式层架用以展示
纪念品或收藏品；下层书架则摆放书籍和
音响设备，让亲子相伴共度欢乐时光。

赋予门板和桌子复合功能，52平方米空间化身住家兼工作室

文：蔡婷如　图片提供：甘纳设计

面积： 52平方米 | **格局：** 客厅、餐厅、厨房、主卧 | **家庭成员：** 2人 |
房主职业： 设计师 | **建材：** 壁纸、木皮、马赛克瓷砖

📍 一物多功能

当一个空间仅有52平方米，要兼顾居住和工作室用途，除了得有个流畅的动线外，空间使用功能也得必须创造出最大效益。于是厨房兼茶水间、餐桌兼会议桌、玻璃隔断的卧室拉上窗帘便能区隔外界、客厅沙发背墙后的储藏室兼作冰箱与复印机等物品的置放区。这样，仅52平方米的空间像被施了魔法，容纳一切功能，却又不显拥挤。

玻璃＋窗帘
＝隔断

D

门板＝屏风＋隔断
C

厨房设备＝茶水间＋烹饪区
A

桌子＝餐桌＋会议桌
B

以可开合的旋转门板作为弹性隔断；与厨房联结的吧台桌也可当会议桌，复合
功能让52平方米的空间化身住宅与工作室，功能完美结合，仍有余裕。

A

厨 房 设 备

上班是茶水间，下班是厨房

一入门就看到有着中岛台面的小厨房，连接着大木桌，其实这里就是上班时的茶水间、下班后的厨房。中午若有同事下厨，就成了员工餐厅。

桌子是餐桌，也是会议桌

和中岛相连的大木桌身兼多职。大桌面紧邻院子，方便观赏窗外院景；业主来访时，可作为会议桌来使用；平日办公时，也可以作为内部开会时使用的桌子；用餐时则是餐桌。

B

桌 子

C

门板

旋转木门成了最佳隔断墙

贴着优雅法式图纹壁纸的旋转门，无人来访时会转开，好让工作时能望见庭院绿意；有人到访时，关起木门就成了带有一定私密性的隔间。

拉起窗帘就成了私密空间

卧室的区域紧邻着工作区，白天拉起窗帘，就遮蔽了卧室内的隐私；当同事们都下班了，再拉开窗帘，空间变得通透不狭隘。

玻璃 + 窗帘

03 遮光帘和滑门当隔断，
延展33平方米空间成为大起居室

文：柯霈婕　图片提供：KC design studio

面积：33平方米（不含阁楼）|**格局：**开放式餐厅厨房、卫浴、主卧、儿童房、阁楼|**家庭成员：**夫妻+2子|**房主职业：**设计师|**建材：**水泥粉光、夹板染白、平光喷漆、灰玻璃、石英砖

B
墙面＝展示柜
＋餐厅主墙

📍 一物多功能

考虑到小面积不适合隔出太多房间，于是将主卧、儿童房、卫浴整合于室内同一侧，再使用拉门作区隔；房间最外层以遮光帘作为房间墙面和门。此空间另一项设计特点是阁楼，因挑高的高度不足以规划房间，便设计成男主人的秘密基地，开口设定在向阳处，让光源可从唯一的采光处透入，并利用儿童房的上下铺当作另一个出入口，增添空间的趣味性。

A
窗帘＝遮光帘＋隔断帘

C
家具＝床
＋阶梯

D
门板＝儿童房拉门
＋隔断墙

没有实墙区隔，半开放式的主卧，不但引进自然光，也能放大空间感。

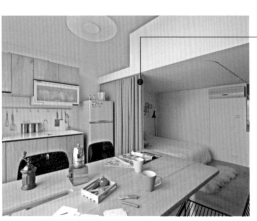

窗 帘

遮光帘当隔断，空间弹性又遮光

房间最外层以遮光帘当作房间墙面和门板，平常收整于边角，连同餐厨形成宽阔的居家活动区域；睡觉时拉上，又变成隐秘性十足的睡眠区。

B

墙 面

层板打造个人化墙面风景

想让白色墙面有变化，又能同时具备使用功能，展示层板是一种做法，架上简单的层板，让纪念品、家人照片与收藏品成为最个人化的墙面风景。

C

家 具

睡觉的上下床铺也可当阶梯

拿捏好床铺与阁楼口高度，利用儿童房的上下铺当作进出阁楼的通道。

D

门 板

门板当隔断，变出大房间

儿童房和主卧规划在一起，两者之间以滑推门作区隔，平时将门板收于墙面，形成全开放的大房间，方便亲子互动。

以双面书墙为空间重心，创造家人共享区

文：摩比　图片提供：德力设计

面积：128平方米 | **格局：**客厅、餐厅、厨房、主卧、次卧、公共卫浴、主卧卫浴、阳台 | **家庭成员：**夫妻+1子 | **房主职业：**出版行销 | **建材：**明镜、灰镜、烤漆玻璃、黑色木纹砖、海岛型木地板–烟熏橡木、印度黑大理石、曼特宁·胡桃山形木皮

◉ 一物多功能

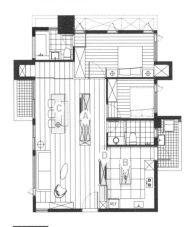

C
桌子＝餐桌＋书桌

根据使用者的定制化需求，设计师将书房与餐厅合二为一，在提高书房比重的同时，降低了餐厅的功能，因此书房区以书柜与收纳柜相连的隔断柜体取代了一般的餐具柜，并兼顾了拿取书籍物件的便利性。整体配置采用回字形动线设计，让各空间的动线串连更方便，也使整体空间不拥塞。

A 墙面＝书柜＋收纳柜＋总电源箱＋电视墙

D 门板＝隔墙＋开架活动层板门板

B 吧台＝轻食餐台＋料理备餐台＋一人份的小酌书房

将书房与餐厅合二为一，赋予隔墙新的功能，集书柜、电视墙、收纳柜以及总电源箱于一身。

区隔公私领域的隔断柜体

全屋由一道集收纳和书柜功能于一身的柜体一分为二，区分公私领域。此隔断柜体集结了开架书柜、杂物收纳柜、电视墙，以及一个总电源箱。

墙 面

以中岛吧台贯穿厨房动线

厨房则以L型厨具辅以吧台吊灯，创造一个静谧又兼顾功能的厨房空间。中岛下方集合抽屉、对开门，以及活动层板等形式的收纳设计。

吧 台

一张大桌子整合书房和餐厅的功能

为了满足亲子共享、共读的需求，刻意将开放式书房安排在全屋的中央位置，借一张复合书桌、餐桌功能的大木桌凝聚家人的情感。

C

桌子

推拉门及回字形的动线设计

电视柜将厨房与客厅一分为二，借助推拉门隔断，制造双出入口。电视柜采双面柜设计，另一边是开架展示活动层板柜，推拉门也可作为层板柜的门板使用。

D

门板

超大旋转桌+层叠卧榻，满足最爱腻在一起的5口之家

文：刘继珩　图片提供：无有建筑设计

面积： 221平方米 | **格局：** 玄关、客厅、多功能区、儿童房、厨房、主卧 | **家庭成员：** 夫妻+3子 | **房主职业：** 教育业 | **建材：** 铁件、泥作地板、木作、砖、定制家具

📍 一物多功能

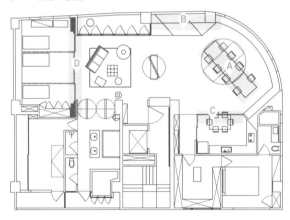

双拼的20年老屋，原本房间很多，对于重视全家一起活动，且共处时间非常多的一家五口而言，一个能容纳所有人的开放式公共空间，比宽敞的私人空间更为重要。因此施工时便打掉了近八成的隔断，在弧形的窗边区域规划出一张大旋转桌，作为餐桌、书桌、游戏桌，或亲友来访时的聚会餐桌，可随需求状况不同改变桌子的形态模式。

卧榻＝设备柜＋收纳柜＋游戏基地

门板＝厨房拉门
＋过道墙

C

A

桌子＝旋转书桌＋餐桌＋游戏桌

D

墙面＝儿童房拉门＋隔断

公共区域以一张超大旋转桌为居家生活重心，全家人的日常活动都在此进行。

A

桌 子

全家可以一起做事的旋转桌

以液压装置和骨料支撑的大长桌，桌板可依照需求旋转，将长桌分成两张桌子，同时兼具餐桌、书桌、宴客桌等功能，也腾出更多空间给三个孩子跑跳玩耍。

层叠卧榻既是收纳柜也是游戏基地

沿着窗边设置上下层叠的卧榻，下方可用来收纳；上方铺上厚垫，可以让孩子上下嬉戏跑跳，或作为下棋的平台。

B

卧 榻

三道玻璃拉门区隔出厨房和过道

因为有全家一起下厨的习惯，平时需要一个开放的大厨房，但有亲友作客时，又不想让厨房的杂乱曝光，所以选用压花玻璃拉门作为隔断，同时也作为通往主卧的过道墙。

C

门 板

一间变三间的魔术隔断门墙

运用万向轨道和门板的设计，可将一大间儿童房变成两间或三间，后方则规划出可供三个孩子使用的置物墙柜，收纳折叠衣物的同时，亦可补充衣柜的不足。

D

墙 面

沙发、柜体、灯具为介质，
82平方米空间变身术

文：柯霈婕　图片提供：奇逸空间设计

面积：室内82平方米、室外115平方米 | **格局：**客厅、餐厅、厨房、主卧 | **家庭成员：**夫妻＋1子 | **建材：**大理石、铁件

● 一物多功能

D

家具＝一字型厨具
＋中岛吧台＋餐桌

户外有115平方米、室内只有82平方米，如何将有限的室内空间运用极致，并将户外绿意带入室内，是此案例设计中的主要课题。因此将公共空间做开放式规划，并借助沙发、柜体、灯具等物件的置放让空间串连更为顺畅。入门的主要视觉落在餐厨区，解放原来靠墙的一字型厨房，将餐桌与一字型厨具整合为独立整体，不但能延长厨房的工作台面，也能增加家人之间的互动。

平台=置物平台
+休憩卧榻 **E**

灯具=客厅照明 **C**
+书房照明

家具=沙发+隔断矮墙 **A**

家具=沙发边柜+书房 **B**
电脑机器柜+收纳矮柜

借由沙发、柜体、厨具联结餐桌的形式，赋予空间更多弹性和功能。

沙发、书桌也是区划空间的角色

在客厅后方安排书房，并让沙发和书桌共同成为两个空间的界定量体，家具本身拥有使用功能，再赋予区域划分的性质，可为居家带来更多弹性与流动的舒适感。

A

家 具

B

家 具

长形矮柜解决沙发与书桌的置物需求

利用一个定制矮柜，联结沙发与书桌两座量体，让整体视觉更顺畅；长形矮柜前端取代沙发边几的功能，后端则提供电脑装置与书籍的收纳。

C

灯 具

一盏旋转灯满足两个区域的照明

客厅跟书房共同拥有充足的采光面，在没有设计主灯的情况下，以一盏可180度旋转的定制灯具，兼顾客厅主灯与书房台灯的照明功能，抢眼的红色还是房屋空间的视觉焦点。

D

家 具

一字型厨具联结餐桌，变身空间焦点

入门主视觉落在餐厨区，厨具结合实木餐桌以中岛吧台的形式，成为空间的装置艺术，而餐桌也可适时当作出餐台作为一字型厨具的延展，回字型动线则让使用的机动性更高。

靠窗卧榻，两种材质两种功能

从床头转折延伸至窗边的卧榻平台，在靠床段保留平台置物功能；后半段以绷布坐垫包覆，形成靠窗的休憩卧榻。

E

平 台

07

墙面与柜体创造回字型动线，
让264平方米大宅拥有秩序与弹性

文：柯霈婕　图片提供：石坊空间设计研究

面积： 264平方米 | **格局：** 客厅、餐厅、厨房、主卧、客卧、书房、主客浴 | **家庭成员：** 2人 | **房主职业：** 金融业 | **建材：** 磐多魔、实木木皮、清水粉光、木地板、石材、玻璃、铁件砖

📍 一物多功能

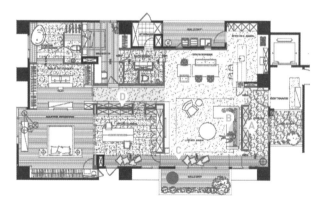

C

卧榻平台＝玄关穿鞋椅＋客厅阳台景观木平台＋书房边椅

由于房主经常邀请朋友在家聚会，因此从玄关便开始规划大容量的鞋柜，为了保证访客的活动路线不受阻碍，卧榻平台贯穿玄关、客厅，直至书房。如此，整体空间散发休闲韵味的同时，还能应各区域的属性产生多元功能。主卧借柜体、墙面创造出三个回字型动线，延伸出更衣区、梳妆台、隔间等多重使用可能，制造出个别的区域属性，也方便人在房间的互动。

A 柜体＝入口鞋柜 ＋隔断矮墙

D 墙面＝过道墙＋展示柜 ＋书房＋过道双面柜

B 家具＝沙发靠背 ＋书报置物架

空间的每个物件都有其存在意义，这便是型随功能的活用境界。

柜体

鞋柜做隔断矮墙，
聚会时当吧台使用

入口以低矮鞋柜作为玄关与客厅
的分界，不只让两个空间拥有各
自的区域，也保持视野的通透。
当朋友到家里作客，或站或坐，
鞋柜自然成为另一个吧台。

书报平台作沙发靠背
增加使用便利

由于客厅深度够深，刻意不让
沙发靠着玄关鞋柜，另以活动
矮架作为沙发靠背，不仅具有
安定效果，平时坐在沙发看书
报也多个平台方便放置拿取。

B 家具

**长形卧榻在三个区域
扮演不同功能角色**

卧榻平台从玄关贯穿客厅到书房，在玄关可当作穿鞋椅；客厅区域与户外阳台结合，此时又可以成为大面积的景观木平台，延伸至书房则成为工作阅读区的边椅。

卧榻平台

型随功能架构过道风情

房内的过道，利用书房一侧规划双面柜，让面向过道的墙体具有收纳和展示功能。过道不因两边高耸墙面而显得过于狭长，反而因展示物品而有变化。

墙面

📍 一物多功能

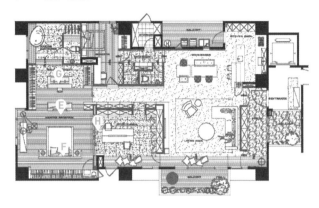

E 墙面＝电视墙＋卫浴备品柜＋隔断矮墙
F 墙面＝床头墙＋置物平台＋隔断矮墙
G 墙面＝洗脸台＋化妆桌＋隔断矮墙
H 门板＝书房拉门＋活动隔断墙

收纳电视墙还可界定空间属性

主卧电视墙另一侧是男主人的衣柜，利用电视墙结合备品展示柜的做法，在房间创造回字型动线，划分出睡眠与卫浴空间，给予男主人独立的更衣空间，也方便卫浴区取用盥洗备品。

墙面

床头矮墙隔出睡眠与更衣区

把房间最完整的面留给衣柜，因此把床摆在中间，设计床头矮墙结合床边置物平台，一方面让睡眠区拥有安定效果，另一方面回字型动线也满足更衣走动的弹性，间接界定睡眠和后方更衣区。

墙面

可梳妆又兼具洗脸台的功能

沐浴与备品更衣区借由洗脸台做区隔，靠近收纳柜的一侧加入梳妆台的功能，并以直立式双面镜满足两边的使用需求，维持视觉穿透。

可区隔独立空间的神奇门板

借由滑轨门让书房与主卧维持可连贯亦可独立的关系，当门板收合于两侧时，从主卧便可自由进出书房，提升主人使用的方便性，亦延展主卧空间；关合上时便成为两个独立空间，满足不同的使用需求。

电视矮墙居中央，让空间动线顺畅无阻

文：柯霈婕　图片提供：C.H. Interior Studio

面积： 132平方米 | **格局：** 客厅、餐厅、厨房、主卧、次卧、书房、卫浴 | **家庭成员：** 夫妻+2子 | **房主职业：** 服务业 | **建材：** 磨石子、瓷砖、美耐板、人造石、瓷砖、木皮板、铁件、玻璃

● 一物多功能

维持房屋最高有4.2米的优势，在公共空间运用无隔断的设计，不论是电视墙、餐厨间的吧台还是卧室的背墙，都兼具隔断功能。设计师特地将电视设在空间的中心，使得客、餐厅之间的动线更为流畅，视觉效果也更加宽敞。吧台安排在正对大门的餐厅终点，可随时迎接回家的人。卧室整合床与柜体，形成U型过道，创造自由的居家动线。

柜体＝床头板＋衣
柜＋书柜＋隔断柜

C

A

墙面＝电视墙＋隔断矮墙

B

吧台＝隔断矮墙
＋煮咖啡平台

平台＝床头置物平台
＋阅读桌

D

公共空间运用无隔断的设计，通过拆解的手法，使物件作为区域的分隔物。

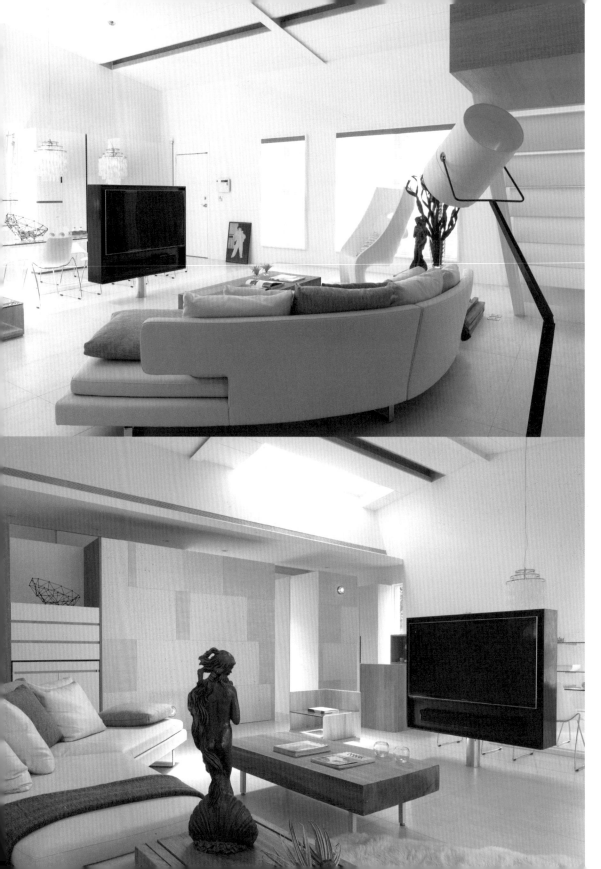

A

墙 面

不阻隔视线的电视墙

开阔的空间用电视矮墙区隔
出客厅和餐厅，不只满足客
厅的视听需求，同时兼顾通
透的视觉感受，给予区域界
定最大的自由度。

咖啡小吧台可作为厨房餐厅的分界

（B） 吧台

餐厅长度足够的条件下，在餐桌与厨房之间放一个小吧台，作为煮咖啡与切水果的平台，同时为半开放式的厨房做功能延伸。

C

柜 体

两用柜体界定卧室使用功能

衣柜结合书柜，提供床头背墙的安全感，衣柜的另一侧则规划阅读桌。床头背墙是衣柜，也是区分睡眠区与阅读区的隔断。悬臂式壁灯则可以提供两区的照明需求。

D

平 台

**床边层板，
兼具置物平台与阅读桌功能**

床边以层板架取代活动家具，不只拉长使用面积，下方还可放活动抽屉，平时可置物，席地而坐时平台就变成窗边桌。

拉门、玻璃弹性隔断，自在悠游单身宅

文：柯霈婕　图片提供：台北基础设计中心

面积： 297平方米 | **格局：** 客厅、餐厅、厨房、主卧、次卧×2、更衣间、主卫浴、次卫浴 | **家庭成员：** 1人 | **房主职业：** 设计师 | **建材：** 复古面石材、银狐石、防锈铁件、纯白亚克力、镀钛钢板

● 一物多功能

1F

两层楼空间，利用挑空手法，不仅创造出多层次的空间感，在视觉呈现上也更为宽敞。以拉门和玻璃取代传统隔断墙的做法会让空间伸缩更富弹性，因此，这个专门为自我生活惯性打造的空间，几乎不见固定不动的实体墙面，且大部分机电管线和收纳柜体极力往四周墙面、天花板横梁及地板压缩，求取室内格局的开阔和连贯性。

门板＝房间拉门＋投
影白墙＋活动隔断墙

C

A

墙面＝电视墙
＋隔断矮墙

B

楼梯＝阶梯第一阶＋连贯户
外平台＋影音管线隐藏箱

大量利用活动拉门整合成开放式的格局，各个空间各自作用，却又能互相产生联结。

客餐厅旋转电视，
间接界定两个区域

可旋转的电视墙，能够同时满足客厅跟餐厅的视听需求，尤其以低矮电视墙作为划分餐厨空间的介质，既不影响整体的通透视野，又可达到分界效果。

楼梯第一阶化身为平台

楼梯第一阶刻意大幅度拓开，不仅作为阳台的延伸，平台底下更可收纳视听影音设备的线路。阳台宽度较窄，借第一阶连通户外，天气晴朗时收起门板，便拥有宽敞的户外平台。

墙 面

楼 梯

隔间拉门也是投影墙

客厅前方的客卧在有人到访时需要门板来隔断视线，保护隐私，平时便可将门收合于墙内，形成完全开放的公共空间。客卧的门板亦是客厅家庭剧院投影的背景墙。

门 板

一物多功能

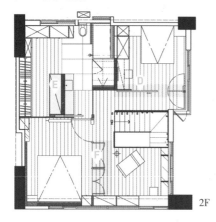

2F

D 门板 = 房间拉门 + 活动隔断墙
E 设备 = 洗脸台镜子 + 配件穿戴镜 + 隔断矮墙
F 门板 = 墙面 + 隔断

D

门 板

自由展开或收合的门板

二楼以活动拉门隔出主卧、客卧与起居阅读区，当门板全部拉上便可区隔出三个独立且完整的区域，展开时又成为一个通透的空间。

一面镜子两处用，
洗脸台矮墙兼隔断

让主卧卫浴和更衣室整合的同时，通过洗脸台的矮墙做区域的划分，并以旋转双面镜同时满足主人在洗脸台和后方更衣的使用需求。

E

设 备

一扇门板，两处使用

在楼梯终端设计一道回旋门，关上时是隔断墙，可挡住主卧；推开时可释放二楼区域，同时也变成主卫浴的门。

门 板

开放和弹性隔断，64平方米玻璃屋无界限

文：柯霈婕　图片提供：奇逸空间设计

面积：室内64平方米、室外99平方米 | **格局**：客厅、餐厅、厨房、主卧 | **家庭成员**：1人 | **房主职业**：金融业 | **建材**：人造石、大理石、三孔陶砖、工字铁件

📍 一物多功能

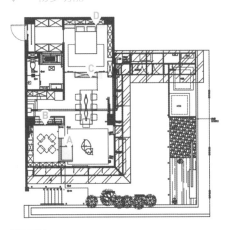

室内只有64平方米，户外大庭院却有99平方米。由于这套住房位处地下室，有采光不足的问题，因此在设计规划中便通过虚化室内外界限的手法，以强化玻璃作为墙面，搭配卷帘，兼顾采光与隐私，创造出全室无界空间。内部以开放与弹性隔断界定区域属性，不只达到空间流动的目的，而且无论是机动性高的沙发、身兼料理平台与隔断的吧台，还是负责收藏门板的展示隔断墙，都能创造出不拘小节的个性空间。

墙面＝床头板＋床头置物平台＋阅读灯＋开关电源插座＋床边置物平台

墙面＝餐厅主墙＋展示柜＋隔断墙

吧台＝隔断矮墙＋料理平台

家具＝沙发＋弹性隔断

沙发、吧台和门板都兼具隔断作用，空间使用上具备弹性又不拥挤。

可弹性释放空间的沙发

沙发平时放在架高区，需要
使用后方的休憩区时，便可
将沙发后半部的支脚转出，
再整座往前移，释放使用空
间，丝毫不影响原本客厅的
深度。

家 具

是隔断矮墙亦是吧台

厨具整合料理台，对于休憩区而
言亦是吧台，上半部以钢架结合
玻璃层板，让杯盘成为展示品，
也让厨房有些许遮掩。

吧 台

C

墙 面

艺术玻璃墙让隔间多了清透感

餐厅跟主卧以白膜玻璃结合玻璃层板，
配上灯光塑造出一道艺术墙进行隔断，
同时也是收起两侧轨道门的地方。

D

墙 面

整合开关、平台、收纳的床头墙，
提高便利性

沿着梁下设计的收纳柜，转到床头便
分成两段，上层维持收纳功能，下层
挖出平台并嵌入光带，整合开关插
座，提高床边功能的便利性。

以大量平台取代家具，融于空间却不失功能

文：蔡婷如　图片提供：玉马门创意设计

面积：247平方米｜**格局**：玄关、客厅、餐厅、厨房、书房、客房、主卧、更衣室、卫浴×2｜**家庭成员**：夫妻｜**房主职业**：自由职业｜**建材**：铁件、马来漆、不锈钢

📍 一物多功能

平台＝电器收纳柜＋坐卧区

240多平方米的房子，为了营造休闲的氛围，设计师在客厅、卧室、玄关和浴室等区域设置了平台，除了取代家具使用外，平台下方还可作为收纳使用，一举两得。客厅的电器柜和可坐卧的平台相容，餐桌后方的偌大书墙兼顾了书房的功能，餐桌自然也就成了书桌。用餐、阅读或是工作，都在同一桌面上进行，不但使用便利，更促进家人之间的情感交流。

A

柜体＝书架＋展示柜
＋玄关穿鞋椅

C

平台＝半隔断
＋坐卧区

D

设备＝水龙头
＋收纳架

将平台安排在客厅、卧室、玄关等处，除了取代家具使用外，更
满足收纳空间的需求。

柜 体

L型转角层板书柜延伸出穿鞋椅

在餐厅设计了L型转角层板柜，是书柜，同时也是展示柜和收纳柜。转折至玄关则延伸出一个小平台，作为穿鞋椅使用。

B

平 台

平台化身为电器收纳柜

客厅利用平台下方的空间安置各式影音设备和电线，保持客厅的清爽视觉，另外，平台也可作为休闲卧榻。卧室窗沿下方设置平台，下方收纳音响和CD，塑造视听休闲角落。

是平台也是半隔断墙

在规划主卧浴室时，因为主卧通常只有主人才会进出，因此卫浴采用半开放设计，而隔断墙另外设计了一小块平台，供置物，或泡澡中休憩。

平 台

创意水龙头也能当作置物层板

浴室的水龙头设计很特殊，控管冷热水温的设备在左右两端，水从平台的中间流出，而平台上方则可放置盥洗小物。

D

设 备

案例

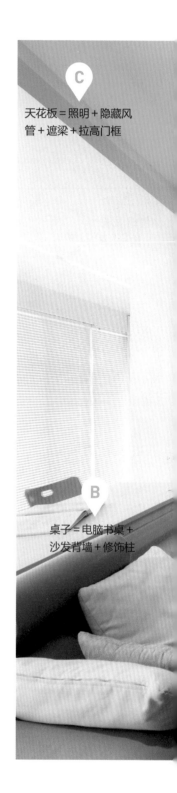

C

天花板＝照明＋隐藏风
管＋遮梁＋拉高门框

12

藏浊露白、斜顶天花板，为老公寓灌注新生命

文：李宝怡　图片提供：尤哒唯建筑师事务所

面积：1楼82平方米；2楼72平方米 | **格局**：客厅、餐厅、厨房、儿童房、电脑区、起居室、书房、主卧 | **家庭成员**：夫妻＋2子 | **建材**：铁件、木地板、玻璃、木皮、马来漆、南方松

● 一物多功能

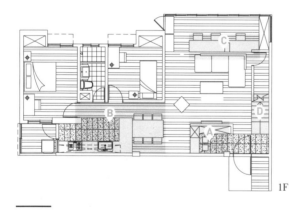

1F

B

桌子＝电脑书桌＋
沙发背墙＋修饰柱

传统的老公寓改造，经常遇到采光及通风不良的问题，于是通过"打开"的设计手法，将本案必要采光的空间设置在直接向阳，有窗的位置，而让较易凌乱的收纳、烹饪空间藏于角落或暗处，也让居住空间的调性藏浊露白、简洁明亮。而连接上下层的楼梯则设置在两层的公共空间旁，让楼上楼下的客厅与起居室得以有效连接。

D

灯光＝楼梯动线
＋夜灯照明

A

柜体＝玄关柜＋鞋柜
＋餐厨柜＋电视柜

将必要采光的空间放在迎窗面，并利用虚实隔断、斜顶及平顶天花板对比空间性质，让视线通透。

A

柜 体

一个柜体，四种角色

一楼的配置，从玄关一进门的
半高屏风式L型玄关鞋柜及大
型电器收纳柜开始，转进室内
后，一路便为电视主墙及餐厅
的餐厨电器柜延伸。

B

桌 子

电脑书桌＋沙发背墙，化解空间柱墙

附属在客厅沙发后方的电脑工作区，随着无遮挡的工作台面、架高的地板，区隔且延续了客厅，同时将原本耸立在空间里的柱体变身为书桌的支撑结构。

**压低天花板，是隐藏，
更是美感比例的展现**

为隐藏管线，沿着梁柱将走廊
及厨房的天花板进行压低处
理，同时刻意将门框向上提至
与天花板同高，在视觉上突显
挑高感。

天 花 板

楼梯动线＋夜灯照明

为加强楼梯行走安全及引导动
线，在楼梯面板加装向上投射
的灯，搭配铁件扶手引领整个
视线从楼下沿着楼梯反向而
上，或由楼上往下转折至公共
空间，畅通轻快。

灯 光

● 一物多功能

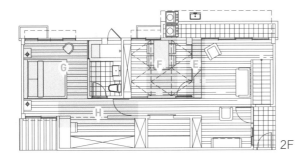

2F

E 窗帘 = 卷帘 + 玻璃
F 平台 = 架高地板 + 收纳柜 + 升降和室桌 + 座卧
G 天花板 = 斜屋顶 + 减少西晒
H 窗帘 = 纱帘 + 门

窗 帘

**卷帘 + 玻璃,
开放及隐私兼顾**

设计于楼上的和室书房，用
通透的玻璃盒来诠释，并利
用卷帘，顾及有亲朋好友来
访时的机动性及私密性。

F

平 台

架高地板搭配升降和室桌，是书房、也是客房

架高木地板区隔起居空间与和室书房的界定，升降书桌则提高和室的弹性使用功能。刻意将木地板延伸至起居室，充当座椅卧铺。

G

天 花 板

斜屋顶，减少西晒，增添视觉层次与趣味

考虑到顶楼的热幅射问题，因此运用开窗及斜顶天花板设计，使西晒阳光射入房间的角度变小，大量减少室内热传导问题，同时对应楼下及楼上平顶天花板的一边，隐藏收纳空间。

窗 帘

半遮半掩活动纱帘作为更衣室的门

为了让自然光源从主卧及廊道进入更衣空间，将更衣室的门改为纱帘，在必要时可开启或闭合。

案例

是门、是隔断，也是框景，层层设计让空间运用无死角

文：刘继珩　图片提供：无有建筑设计

面积：99平方米 | **格局**：玄关、客厅、餐厅、厨房、和室、主卧、客房 | **家庭成员**：夫妻＋2女 | **房主职业**：教育业 | **建材**：木作、贴砖、铁件

📍 一物多功能

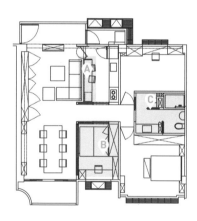

平时只有夫妻两人，偶尔小女儿会回来住。99平方米的空间还必须预留一间客房给回家探亲的大女儿，为了让夫妻俩的生活区域宽敞舒适，20年老屋的隔间近七成都改变了，将采光最好的地方留给书（餐）桌，并把两间浴室合并成一间，让1.5套的卫浴可供父母和女儿同时使用。用铁件框架制成的黑色门框是区分空间的最佳界定。

设备＝主卧卫浴＋
客房卫浴

和室＝起居室＋
大女儿房＋客房

空间以"合院"中"进"的概念出发，通过不同的"框"来区分空间。

A

门 框

铁件框区分空间，也制造框景

房间门框用铁件框架制作，通过黑色的门框，形成一进一进的合院建筑特色，清楚区隔不同房间。厨房与客厅间则以窗框即画框的概念为基础，制造一幅居家风景。

和室

门板当活动隔板，变出两间房

因为大女儿在家住的时间不多，所以将大女儿的卧室与和室并用，身兼平日夫妻的多功能起居室与客房两种用途，和室拉门敞开时，书桌区也能获得空间延伸。

一套半卫浴，三人使用刚刚好

浴室位于主卧和客房（小女儿房）中间，里面的卫浴设备特别增加半套，让三人能同时使用，不用花时间抢厕所，也为其他空间腾出更多面积。

设 备

半高电视墙整合收纳柜，独立量体创造通透动线

文：柯霈婕　图片提供：石坊空间设计研究

面积：138平方米 | **格局**：客厅、餐厅、厨房、主卧、客卧、书房、主客浴 | **家庭成员**：夫妻 | **建材**：岩面砖、实木木皮、欧松板（OSB板）、木地板、玻璃、铁件烤漆

● 一物多功能

由于建筑条件的关系，客厅有一大面的斜边，为了化解突兀，利用置中的半高电视墙满足视听功能，避免整道墙产生畸零角落。此屋的居住成员简单，不需要完全的隔间，因此从客厅到厨房，通过量体形成水平线性的延伸，开拓整体的空间感，两个具有多样功能的量体创造出两个回型动线，整合必要的使用需求，居家空间的流动性也变得多元。

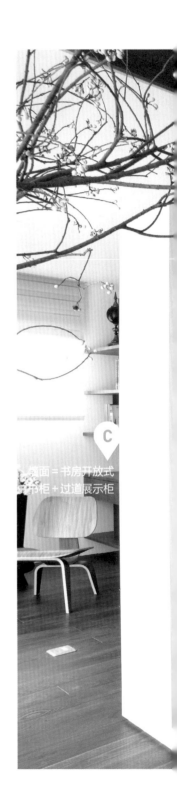

C

墙面＝书房开放式
书柜＋过道展示柜

D 柜体＝床头板＋
衣柜＋梳妆台

A 墙面＝电视墙＋隔断矮墙
＋书房档案柜

B 吧台＝厨房中岛＋
厨具工作台＋餐桌

隔断墙除了本身的功能，亦可为不同空间属性定调。

半高电视墙，
兼具收纳与分隔功能

在格局不方正的客厅，设计半高电视墙，消弭建筑先天的突兀，同时结合收纳解决视听柜与后方书房文件收纳的需求，也是客厅与书房的隔断。

A

墙 面

整合厨具、餐桌、
料理台的中岛量体

延伸电视墙的轴线至厨房，以一大型量体为空间的视觉效果做伸展，量体整合厨具工作台与餐桌，形成大型厨房中岛。

B

吧 台

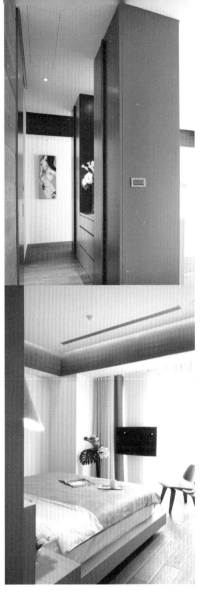

C

墙 面

墙面结合展示成为沿途风景

在客卧外墙设计开放式层板柜，面向书房处可当作书柜，过道侧则结合展示效果，为居家过道增加风景。

区划睡眠隐私的墙

避免一进门视线即落在床上，门口先以梳妆更衣空间做缓冲，通过床头背板结合衣柜、梳妆台与五斗柜设计此空间。

D

柜 体

好用平台与弹性门板，创造随兴自在亲子宅

文：摩比　图片提供：德力设计

面积：135平方米 | **格局**：玄关、客厅、餐厅、厨房、主卧、次卧、书房、客房、公共卫浴、客用卫浴 | **家庭成员**：夫妻+1子 | **房主职业**：传媒业 | **建材**：灰镜、烤漆玻璃、铁件、版岩石英砖、黑檀木、古典胡桃木、巴西金檀木地板、波斯灰印度黑大理石、铁木实木

📍 一物多功能

1F

此户屋龄约16年，属于楼中楼的建筑结构体，下层挑高2.7米，上层挑高2.6米，单层约有66平方米。设计师移动并缩短了贯穿上下空间的灵魂——"楼梯"，借此让客厅更趋合理与开阔。重新设计后，一楼楼层规划为公共领域，待客、洗衣、晒衣、烹调全在这区。二楼楼层则是私人领域为主，一间主卧、一间次卧以及一处利用过道空间设计的可以远眺的开放式书房空间。

C 设备＝电动窗帘盒＋空调
风管遮板＋间接照明设计

D 门板＝弹跳暗门
＋放大空间

A 门板＝推拉门＋隔断墙

B 楼梯＝台阶
＋卧榻平台

楼梯历经"挪移""改向""缩短"三重点，配合架高平台让楼梯成为空间和光的主动线。

可以活动的隔断墙

一楼的客房与公共卫浴配置在一起,以推拉门区隔出一个独立空间。向右推时就将客房瞬间隐形,向左推时客厅的电视就不见了。

门板

缩短占空间的楼梯设计

以对角菱形梯面,辅以延伸最后一阶的梯面设计,两种方式有效地将楼梯空间合理缩短。

楼梯

C

设备

窗帘盒结合间接照明

楼中楼的挑高物件——不可避免的空调
管线以窗帘盒遮蔽，借此结合窗帘盒与
间接照明，让空间挑高更有气氛。

利用灰镜放大空间

餐厅选用大面积的灰镜取代过度亮眼的明镜，将空间隐隐放大。灰镜后面的空间是后阳台、洗衣房与储物间。

门 板

📍 一物多功能

2F

E 柜体 = 主卧主墙 + 卫浴备品柜 + 隔断矮墙
F 平台 = 阅读桌 + 观景台

柜体

**柜体与床头板结合，
纳入梳妆、阅读台**

在卫浴与卧室之间以一道柜体区隔，依着床的这面可当作床头板使用，另一面则除了置物柜之外，同时借着柜体的深度置入梳妆和阅读台面。

**过道阅读桌，
亲子共享的平台**

爬上二楼即有一处可利用的面积，在此设置阅读桌，提供家人共读、共享的开放式书房，同时也是远眺窗外风景的观景台。

平台

用家具区隔空间，提升开放空间的流畅度

文：柯霈婕　图片提供：PartiDesign Studio

面积：115平方米 | **格局**：客厅、餐厅、主卧、次卧、卫浴×2 | **家庭成员**：夫妻＋1子 | **房主职业**：光电产业 | **建材**：清水墙，实木贴皮（梧桐木、橡木、橡木染黑）、超耐磨地板

―――――

● 一物多功能

―――――

此案在客变阶段便把原本的四室修改成两室，让公共空间成为一个L型的区块，运用家具界定出每个区域的属性，也创造无数个回字型动线，营造多层次的空间互动。此空间拥有随处可坐的平台及卧榻，家人与朋友都能在休闲放松的氛围里互动，并且利用家具串连各区域，使开放空间里的玄关、厨房、客厅、餐厅与书房，得以连贯、延展。

C

平台＝鞋架＋展示台
＋视听平台＋卧榻

E
柜体＝书柜
＋展示墙

B
桌子＝工作桌＋隔断

D
平台＝卧榻＋收纳
＋餐桌椅座位

A
家具＝沙发＋隔断

沙发、工作桌兼具使用与隔断功能；卧榻具有收纳、坐卧与连贯空间的功能。

A

家 具

沙发让空间属性更鲜明

毫无隔断的公共空间，把家具
当成区划分界的物件，可维持
空间的流动性与宽敞。用沙发
区分出客厅与餐厅，同时沙发
横向与餐桌纵向的摆放方式，
让区域划分得更加鲜明。

B

桌 子

工作桌身兼区划功能

让工作桌成为餐厅与工作区
的分隔，不仅保留空间的通
透感，使用与餐桌不同色调
的深色橡木染黑材质，也能
间接利用鲜明的深浅对比刻
划出领域的分区印象。

C

平 台

**让平台在不同生活区域
拥有不同功能**

从门口延伸至落地窗的平台，经行的
区域具有不同功能。电视墙下方的台
面是电器影音平台，也是置物展示
台，延伸至落地窗下形成卧榻，并在
玄关拉高台度，使层板下方可收纳常
穿的鞋子。

餐厅卧榻可当作餐厅的延伸

在餐厅旁的架高卧榻底下设计收纳空间，底层的平台，为窗边卧榻圈围出独立区域，平时可单独使用或作为餐桌座位的延伸，聚会时，连同餐厅便是朋友的聊天区。

D

平 台

让收纳成为空间端景

在空间底端的墙面设计一道书柜墙，上下镂空减少柜体的压迫感，规则的书柜利用不同的颜色和质感来增加丰富性，不放书时也是个造型艺术品。

E

柜 子

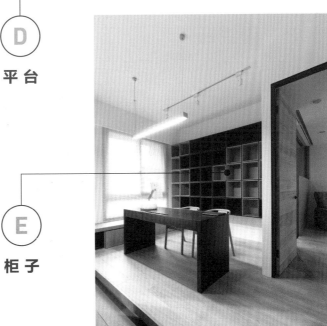

一物多功能

F 吧台 = 厨具 + 吧台 + 餐桌 + 隔断
G 地板 = 平台延展 + 公私领域区分
H 墙面 = 隔断墙 + 采光隔断 + 小便斗墙面
I 柜体 = 床头边柜 + 化妆桌 + 临窗椅 + 置物平台

**轻食吧台当隔断，
兼具互动与便利**

吧台

厨房就在玄关旁，延伸厨房台面作为吧台使用，从厨具向外的延展，也拉长了空间感。吧台平常是家人的轻食区，在面对玄关的吧台下方设计收纳柜，可展示与摆放家人常用的外出物品。

**低矮平台建构独立区域，
也区划公私领域**

地板

让低矮平台从客厅经过餐厅一路延展到书房，扩大形成大面积层层架高的台面，一来让书房拥有独立区域，横向的延展，二来形成公私领域的一个界定。

H

墙 面

是墙也是卫浴设备

主卧与主卫的隔墙使用采光隔断，上半部的玻璃增加主卧空间的光线，下半段的清水墙则作为小便斗墙面。

床头柜延伸窗边卧榻满足多种需求

床头柜与边柜采用一体设计，平台可摆放随身物品，上掀深柜提供被单收纳，两侧边柜整合电线插座。延续床头台面至窗边形成临窗桌椅，特地设计下凹地面，让平台拥有座椅与桌面两种用途。

柜体

用拉门和地板变化，成就可单身可家庭的弹性空间

文：李宝怡　图片提供：尤哒唯建筑师事务所

面积：109平方米｜**格局**：客厅、餐厅、厨房、主卧、次卧｜**家庭成员**：夫妻+1子｜**建材**：玫瑰木、胡桃木、栓木、洞石、砂浆树脂、黑板漆、实木地板、玻璃、轨道灯

● 一物多功能

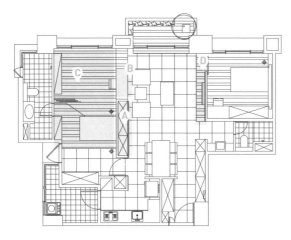

灯具=客厅照明+书房照明 **B**

A 拉门=柜本+书桌+隔断墙

本案的房主是一位先生，长年在外地工作，儿子也到了成家的年龄。退而不休的女主人想到市区继续上学、终身学习，于是形成了这个用拉门来"开启"或"关闭"的空间。让公共空间的开放性与私密空间的封闭性可以随时开关、互相置换使用，房主可以弹性调整成具备家庭性质，又有独立单身气息的大套房空间设计。

平台＝架高地板
＋床＋收纳柜

平台＝电视平台＋
收纳柜＋座椅

利用地板变化与活动拉门设计界定公共与私密空间，规划成既符合单身大套房又可
作为一般家庭使用的弹性空间。

A

拉 门

开启如墙般的拉门，全室成大套房

沙发背墙为一道长2.5米的大拉门，当拉门被开启时，客餐厅与书房、主卧彼此连接，成为大套房，打破了屋子近乎单向采光的限制，增加其空间的通透与流动特性。

灯具

可移动调整灯具，满足两个区域的照明

同时拥有工业及工艺设计的关节折灯，可依
需求调整照明位置及方向，放置在天花板或
壁面，大大节省收纳位置，又可兼顾客厅沙
发的主灯与书房台灯。

C

平台

架高地板界定公私空间，收纳功能变更多

运用不同高度的架高木地板区隔出私密空间，并在其间安装拉门调整房间数及满足隐私需求。同时可在架高的地板上加床垫作为寝室，下方则可规划为收纳柜。

次卧地板延伸，是电视平台，亦是座椅

架高22厘米的次卧木地板，延伸至电视墙下方做出电视柜，并在下方设计线槽及抽屉。当到访客人多时，连同架高阳台木地板都可充当座椅。

D

平台

柱子、电视、影音设备跑哪去了？全藏在特制锈蚀钢板柜里

文：刘继珩　图片提供：建构线设计

面积：264平方米 | **格局**：客厅、餐厅、厨房、主卧 | **家庭成员**：夫妻 | **房主职业**：医疗业 | **建材**：天然板岩、木纹板模灌浆、铁件喷漆、特制锈铁

● 一物多功能

C
门板＝隔断墙

依山而建的阶梯状集合住宅，本身就拥有极佳的自然景致，房主希望在三面采光的空间中，从各区域都能看到窗景。为了能与室外山景相呼应，室内材质多以能呈现自然样貌的工法制作，如特制锈蚀钢板、漂流木重新烧制上漆、以南方松、桧木及木料夹板绑钢筋模板灌浆等手法，让室内外展现出处处是风景的居家美感。

A

柜体＝主机柜＋隐藏空
间中的柱子＋隔断墙

墙面＝壁炉＋书架
＋收纳层板

B

公共空间里看不到电视，其实隐藏在暖色调的锈蚀收纳柜里。

内藏玄机的锈蚀钢板柜

以特制锈铁及水刀工法制作的收纳柜，门板打开后可收至两侧，里面隐藏了结构体的柱子、电视及影音设备主机，同时区隔了客、餐厅空间。

柜 体

结合壁炉和书架的木纹水泥墙

沿梁而做的两座水泥墙，界定了客厅的空间范围，一座是壁炉，另一座则是铁件书架。墙的侧边是收纳展示层板，摆放书籍和燃木。

墙 面

门 板

以四道活动门当作隔断墙

为了让空间宽敞、透光，实体的隔断墙越少越好，利用四道活动门作为公私领域的隔断墙，平时打开是大客厅，合上则成了大主卧。

层板、不到顶橱柜及开放式空间，共创2人＋2猫的家乐园

文：李宝怡　图片提供：杰玛室内设计

面积：92平方米 | **格局**：客厅、餐厅、厨房、主卧、次卧、多功能休憩区、猫屋 | **家庭成员**：夫妻+2猫 | **建材**：橡木钢刷、文化石、铁件、超耐磨地板、大理石

📍 一物多功能

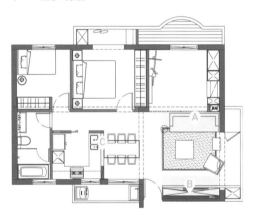

因为男女主人喜欢户外运动并养有两只猫咪，基于区位、预算，以及三面采光加超大阳台设计，终于找到这个20多年屋龄的二手房屋！将预算放在关键空间里，并运用一些多功能规划设计，如将客厅及多功能休闲区开放处理、半开放厨房与餐厅的互动、猫道的串连等等，让空间使用更具弹性，也让这个"家"更贴近新婚房主和两只猫的需求。

C

墙面＝开放窗＋出菜台＋隔断

玄关柜＋电视柜＋
吊臂电视＋音响柜

B

A

家具＝沙发＋
书房＋隔断

借由沙发、书桌及半开放的厨房隔断联结餐桌形式，让公共空间更开阔，
也让居住在此的人与猫拥有更多活动空间。

(A)

家 具

沙发＋木制书桌，界定空间

将客厅后方的隔断去除，改为开放式的多功能休闲空间，并利用长沙发及可移动书桌界定空间，在友人来访时可以容纳更多人。天花板预留拉门轨道，方便未来视需求加装门板，以另隔出一间房间。

玄关柜＋电视柜＋音响柜，一柜搞定

将玄关鞋柜及电视柜和收纳柜沿着墙面一体成形，柜体下方则用大理石垫高做成音响柜，避免残音发生。电视用可转动的吊臂式支架支撑，让人无论坐在客厅还是餐厅，均可清楚看到电视荧幕内容。

B

柜 体

半开放厨房，开窗做出菜台

保留餐厅及厨房隔断，以开窗方式处理的半开放厨房，不但可遮掩厨房过多杂物以免影响公共空间的视觉，面宽约15厘米的铁框窗架，亦可充当出菜台，不影响与公共空间的人们互动。

墙 面

主卧靠窗转角处设计化妆台、衣柜

由于主卧靠窗有梁柱，因此依其转角处及窗台规划化妆台、置物平台及衣柜。两者皆可再作为阅读桌使用。

平 台

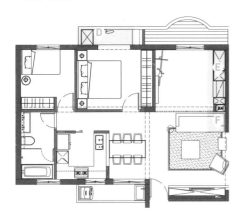

D 平台 = 化妆台 + 置物平台
E 柜体 = 鱼缸 + 猫道 + 大型储物柜 + 卡通玩偶展示台
F 玻璃 = 猫咪的家 + 阳光杀菌室 + 猫道活动间

———

E

柜 体

**不到顶的收纳柜体，
既是猫道，也是卡通玩偶展
示台**

搭配跳板及猫脚印符号做成猫
的出入孔，运用梁下设计一大
型储藏柜，沿着壁面深入室
内，满足收纳需求。而面向客
厅的柜体则做开放式书柜，除
了嵌入鱼缸外，也可让猫咪运
用跳板在其中行动或休憩。

F

玻 璃

**用玻璃屋盖出猫咪的家 +
阳光杀菌室 + 猫道活动间**

客厅阳台末端运用窗户、百叶
窗帘、玻璃隔断及推拉门规划
猫咪住处，置放猫砂及睡垫。
白天通过阳光自然杀菌，晚上
则为猫咪睡眠区。另在墙上设
计猫跳板及出入孔，让猫咪可
以自由出入及行走。

一张桌子是客厅隔墙，
同时也是餐桌、书桌、梳妆台

文：李宝怡　图片提供：尤哒唯建筑师事务所

面积：56平方米 | **格局：**客厅、餐厅、厨房、主卧、次卧书房 | **家庭成员：**夫妻+1女 | **房主职业：**公务人员 | **建材：**集成夹板、铁件、玻璃、瓷砖、水泥粉光

● 一物多功能

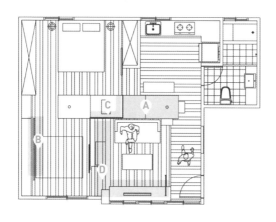

此案将所有隔断敲除，利用原始空间正中的一根柱子与十字梁，水平生长成一张长条形桌子，来架构整个空间。一张桌子，可以是区隔客厅、厨房的矮墙；可以是客厅沙发的靠背；可以是可供用餐的餐桌或书房阅读的书桌；可以是主卧化妆的梳妆台，更可以是架构、区隔整个房子的元件与视线焦点的中心。

B

门 = 书柜拉门 + 隔断墙

D

平台 = 电视柜 + 玄关穿鞋椅 + 屏风

C

玻璃＝低隔断＋引光

A

桌子＝矮墙＋沙发靠背＋
饭桌＋书桌＋梳妆台

用一张桌子顺势化解一根柱子和十字梁，并以玻璃屏风和拉门串连成可开放可私密
的弹性大空间。

一张桌子，五种角色

全屋借由一张桌子将客厅、餐厅、主卧、书房的需求化整为零，使桌子扮演多重角色，不只是一道矮墙、沙发靠背，也是餐厅的饭桌、书房的阅读书桌和主卧的化妆台。

桌 子

B

门 板

可以移动转弯的墙

书柜门使用万向轨道，成为一道可以移动的墙面，能完全阻隔书房与主卧，以及将来孩子需要的独立房间，还可以将门固定，分成两房。

C

玻 璃

以玻璃和拉门作为公私领域的界线

私人领域和公共领域使用玻璃隔断，中央的柱子以水泥粉光处理后，使原本突兀的结构化为玻璃盒中的端景，当放下百叶窗帘并拉门拉起时，则可纳入书房，形成独立宽敞的主卧。

架高地板、电视墙平台化为座椅

虽然空间小，但仍希望兼顾隐私及
风水问题，因此玄关屏风与电视柜
平台结合，同时将电视柜往玄关突
进约30厘米，作为穿鞋椅使用。

平 台

21 跳色矮墙×隔断×衣柜，多种用途又具有设计感

文：柯需婕　图片提供：奇逸空间设计

面积：148平方米 | **格局**：客厅、餐厅、厨房、主卧 | **家庭成员**：夫妻+1子 | **房主职业**：经营儿童用品 | **建材**：镀钛铁板、大理石、烤漆玻璃

📍 一物多功能

大量运用丰富多变的材质与造型表现，形塑空间的设计感。一物多功能的设计让主卧的美学功能更加完整：床头板结合衣柜兼具隔断性能、线性分割的电视主墙隐藏了大面积收纳柜的真实身份。家具设计包括木纹清水模与实木组构的无桌脚书桌，及延伸至主卫洗脸台面的卧室写字桌。特殊的设计表现，带给空间表情更多变化。

桌子＝双人共用桌
＋床头插座 **A**

墙面＝床头板＋隔断
矮墙＋衣物收纳柜 **C**

桌子＝写字桌
＋洗脸台 **B**

在丰富多变的造型与材质运用之外，更蕴藏着多元的功能设计，让空间兼具美感与功能性。

(A)

桌 子

桌子支柱整合插座亦可界定使用属性

无桌脚设计的书桌更显利落，木纹清水模
是桌体的支柱，同时整合开关插座，是长
条形工作桌分隔使用功能的界线。

B

桌 子

直线延伸的桌面

写字桌面与洗脸台面一体的设计，拉长量体的延伸性，加上使用玻璃为立面隔断，视觉便可直线伸展，人造石的利落亦能提升量体的质感。

隐藏在床头板后方的更衣室

钢琴烤漆打造的木质床头背墙，结合衣柜收纳，让更衣室藏在背后，具备隔断墙性能，使用亮黄色塑造焦点，不到顶的设计也让空间具有通透感。

墙 面

墙不像墙，书架不像书架，功能却包罗万象

文：刘继珩　图片提供：建构线设计

面积：165平方米│**格局**：客厅、书房、餐厅、厨房、主卧│**家庭成员**：夫妻│**房主职业**：医疗业│**建材**：柚木、橡木染白、桧木、铁件、特殊手工漆

🔻 一物多功能

喜欢旅行、收集古董和家具的房主，希望把自己喜欢的物品和收藏品放入居家空间中，因此将两户打通后分作两边，一边是住宅，另一边则是亲友聚会的茶室，东西方结合的风格，各有不同氛围及美感。住宅回归"日常生活"的功能，因此需要一间大书房与安静的写作室，以及一间容纳全家人的餐厅，规划设计方面要同时符合光线穿透、空气流通的基本条件。

A
墙面＝隔断墙
＋画框＋客房

B
拉门＝隔断

C
柜体＝书架＋
餐柜＋隔断

客厅与书房、书房与餐厅之间，以玻璃和铁件书架作为界定，明亮又通风。

通风、隔断、美感，一墙搞定

客厅与书房之间的墙面，以画框概念为出发点，借由粗细框制造错层感，把居家角落变为框景，同时兼具通风透光的窗户功能。

墙 面

B

拉 门

善用活动拉门，一房变两房

男主人因宗教信仰的关系，除了书房还需要一间可以抄写经文的佛堂，所以借由带有东方禅意的格栅拉门，将书房一分为二，满足需求。

从衣架取灵感，书架也是餐柜

书房与餐厅的大书架，是由翻转衣架
得来的灵感，层板与铁件的结合，既
是书架也是餐柜，多元使用还丰富了
收纳美感。

柜 体

23

一柜到底，一门整合，
串连又切割空间功能

文：李宝怡　图片提供：虫点子创意设计+室内设计工作室

面积：82平方米 | **格局**：玄关、客厅、餐厅、厨房、主卧、儿童房、书房 | **家庭成员**：夫妻+1子 | **建材**：清水模、环保砖、木地板、铁件、玻璃、木皮、白烤、黑铁、不锈钢、石英石

● 一物多功能

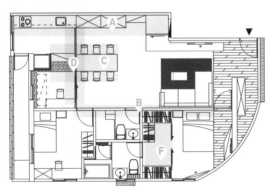

运用一道清水模墙串连并切割公共与私密空间，以减少不必要畸零角落及过道。为了让视觉统一，清水模隐藏三道门板，具备放大空间的效果。同时，也运用一柜到底的概念，将电视柜、串连展示柜、餐厨高柜、厨具等整合在一起，让空间更简洁。动线上利用架高木地板及天花板做直向及横向引导，将空调、管线及灯光隐藏，也让前后两侧采光得以深入各个空间。

A

柜体＝电视柜＋储藏室＋展示柜＋电器高柜＋厨具

C

厨房设备＝吧台＋书柜＋餐桌

灯光＝照明
＋减压 **F**

天地＝空间区隔
＋动线导引 **E**

门板＝隔断墙
＋3道隐藏门 **B**

天地＝空间区隔
＋动线导引 **E**

门板＝拉门
＋隔断 **D**

运用清水模将公共区域及私密空间区隔开来，使空间完整而有放大感，最重要的是
采光及通风变得更好。

一柜到底，串连功能与需求

为减少因转折或过道造成的畸零空间，从一进门的电视柜开始便串连展示柜、餐厨高柜、厨具等，并在电视柜后方的80厘米×80厘米的零星空间设计储藏室，满足各个空间的使用及收纳功能。

柜 体

清水模墙面的切割线，隐藏三道门

为了让视觉统一，除了将清水模的分割线对齐通往主卧、卫浴及儿童房的门，所有插座，甚至把手都在同一高度，让墙与门整合在一起。

B

门

厨房设备

及腰的吧台、书柜、餐桌，区隔空间

在厨房及书房中间，用结合电器柜的吧台和及腰的书柜作为区隔，上方不做隔屏，孩子可以通过这个窗口与妈妈对话或帮忙拿菜，延伸至餐桌，形成亲子互动空间。

D

门板

玻璃铁件拉门，阻挡油烟又透光

考虑到女主人日后有开伙炒菜的可能，因此在厨房及餐厅中间，以两道活动玻璃拉门规划处理，即不影响采光照明，又可阻挡油烟，必要时也可以拉至书房作隔断。

E

天 地

以架高地板和横向天花板作为空间导引

在书房和玄关处架高地板来区隔及界定空间，并利用天花板做横向导引，将空调、管线及灯光隐藏，让前后两侧采光得以深入各个空间。

天花板内嵌LED射灯，兼顾照明功能又减少压迫感

衣柜利用系统柜与铁件的搭配，将LED射灯隐藏在天花板层板内，除了照明外，也减弱挂满衣物时的视觉压迫感。

灯 光

无隔断设计，40平方米+10平方米也能拥有两室两厅好功能

文：李宝怡　图片提供：杰玛室内设计

面积：40平方米+10平方米｜**格局**：两室、两厅、厨房、卫浴+外露洗手台｜**家庭成员**：夫妻｜**建材**：木皮、铁件、超耐磨地板、文化石、玻璃、水泥粉光

─────

📍 一物多功能

1F

─────

把睡眠区放置在楼下，通过与楼梯动线结合的虚实交错隔间设计，在不影响原本采光通风的条件下，让主卧保有私密性。将原本的卫浴空间切割为三个区域，淋浴、泡澡、如厕各一间，洗手台外移至卫浴门口，并与阳台动线串连。全室借由玻璃、铁件格栅、低矮家具等装置，让小面积空间因三面采光、挑高设计及视觉穿透，空间更为宽敞。

墙面＝圈围洗澡区
＋如厕区＋洗手台

平台＝电视柜
＋座卧平台

C D

A 楼梯＝动线＋化妆台＋储物
柜＋沙发背墙＋隔断

B 吧台＝厨房＋主卧
隔断＋餐桌

A

楼 梯

铁件楼梯，是隔断、化妆台、储物柜，也是动线

把楼梯设计在客厅与睡眠区之间，运用上下支撑的铁件兼挡墙保护隐私，同时作为沙发背墙。面向主卧的楼梯下方，则设计衣储柜及化妆台，多功能使用，使楼梯不再是单纯楼梯。

L型人造石吧台，也是隔断

轻食规划的L型厨具设计延伸出来的餐桌吧台，正好将厨房及睡眠区隔开。在建材上选择通透感十足的元素搭配，如人造石餐桌吧台、烤漆玻璃墙面等。

B

吧 台

C

墙 面

将卫浴量体分割三个区域，让公共空间更大

全屋唯一的隔断墙为建筑本身所附的卫浴及厕所，由于量体太大，因此，保留泡澡、淋浴的位置不动，马桶另隔一间，洗手台外移，并将水泥实墙改为白膜玻璃隔断，让光可以透至室内却又不影响隐私。

电视柜平台，刻意拉高空间感

设计低矮的电视柜从玄关一直延伸至阳台转角处，形成一卧榻，并以同高度延伸至户外阳台木地板。低矮的电视台面设计，在友人来访时也可以坐卧其上，而台面下均是收纳抽屉及隐藏的电器设备。

D

平 台

E 柜体

将收纳集中在厨房、楼梯及二楼

善用化整为零的设计手法处理收纳问题，如铁件楼梯的前段及后段下方支撑处设计抽屉、衣柜及厨具等，二楼则设计60～65厘米宽的书柜及大型衣柜，以集中储藏书籍、大型旅行箱或家电。

● 一物多功能

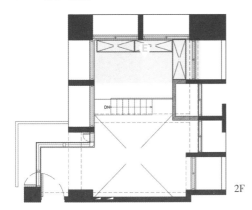

2F

E 柜体 = 书柜 + 衣柜

玄关多一个吧台，扩充功能为写字桌、备餐台

文：摩比 图片提供：德力设计

格局：玄关、客厅、餐厅、厨房、主卧、次卧、主卧更衣间、公共卫浴、主卧卫浴、观景阳台、后阳台洗衣房｜**家庭成员**：夫妻＋2子｜**房主职业**：建筑工程业｜**建材**：明镜、灰镜、烤漆玻璃、铁件、半抛石英砖、木纹砖、海岛型木地板–烟熏橡木、印度黑大理石、铁刀钢刷木皮、青玉山形纹木皮

⚲ 一物多功能

柜体＝电视柜＋
大型电器收纳柜 **A**

针对鲜少开伙的家庭，设计师将餐厅与客厅整合在一起，厨房则以推拉门加以区隔，并在玄关处辅以吧台做轻食备餐台，也可作为孩子的书写区，女主人可以一边烹调一边陪孩子学习。餐厅选用方桌，不同以往的餐桌依墙而立，平常供6位使用，若父母或宾客到访，可扩充为8位使用。

D 柜体┚更衣室＋
衣柜＋梳妆台

C 拉门＝油烟分区

B 吧台＝料理台＋备餐台
＋轻食餐桌＋小书桌

一字排开的收纳柜，包含电视柜、暗门储物柜、收纳柜、开架书柜（展示柜）、鞋柜、总电源箱，串连客厅和玄关。

结合大型家电收纳柜的电视柜

以木作贴皮预留自然缝设计的弹跳暗门与电视柜整合成一个独立柜体。电视柜扣除管线的空间后，左右两侧其实是一个大型家电的收纳柜。

Ⓐ 柜 体

玄关与吧台延伸出新功能

不同高度的桌子，一旦周边搭配不同的柜体就会混合出全新的功能。位于玄关的吧台既是小书桌，也是轻食备餐台。

Ⓑ 吧 台

C 拉门

将厨房一分为二的好处

拉门将厨房切割成油烟分区的L型动线，不但阻隔油烟，还可以一边烹调备料，一边移动拉门看顾孩子书写家庭作业。

D 柜体

以柜体取代隔断墙

以独立柜体取代隔断墙，运用回字形动线，柜体中融入吊柜与抽屉桌面作为梳妆台。吊柜内以遮板安装间接光源。

26 **拉门开合之间，**
走过大小通道，如有趣的探险

文：李宝怡　图片提供：匡泽空间设计

面积：303平方米 | **格局：**左侧——玄关、宴客餐厅、客厅、厨房、麻将房、客浴；右侧——主卧、次卧、工作区、起居室、阳台 | **家庭成员：**夫妻+2子+长辈 | **建材：**原木地板、瓷砖、铁件、大理石、玻璃

● 一物多功能

A
柜体＝电视柜＋隔屏

因是两户合并的空间设计，所以整个格局需重新调整，原本的客厅让出给工作区，并以悬吊柜体与餐厅区隔，让空间通透且轻盈。其他空间的柜体，也采用多面使用的概念，无限定终点与起点，满足收纳的灵活度。原本大大小小的奇怪过道，采用日本住宅里的"隈入"方式，通过拉门关合，让人必须走至最后才会渐渐看见空间样貌，保留探险的神秘及趣味感。

D 天花板＝照明＋视觉修饰

C 拉门＝采光＋隔断

E 柜体＝屏风＋展示柜

C 拉门＝采光＋隔断

C 拉门＝采光＋隔断

B 柜体＝电视柜＋书柜＋隔屏

两户并成一户，以人字形拼贴地板为公共空间，横向地板为私密空间，并运用阳台及过道成为内外平行的环状双动线，串连邻近空间。

A

柜 体

悬吊音响柜，隔断、视听、客厅合而为一

将客厅的音响柜运用铁件悬浮起来，作为宴客餐厅及客厅的隔屏，外表虽以大理石包裹，但刻意镂空及悬吊，使柜体呈现如雕塑般的手工感，会受限于承重及管线设计，工法极为繁复。

结合三种功能的电视柜

电视墙的背面为书墙，将电视柜加高至梁下并退缩，在视觉上拉长了电视墙的比例，同时也是书房与起居室的屏风，更是主导环状动线的终点或起点。中间的留缝设计让空间显得通透，视觉也得以延伸。

B

柜 体

玻璃门兼顾视野穿透性

房主相当喜爱拱门造型，因此空间规划时，便采用水纹玻璃的设计方法让空间呈现复古风格，同时兼顾隐私。而在公共空间则以玻璃搭配拉门或折门设计，使空间视觉拉到最远。

拉 门

圆弧造型天花板，修饰大梁

由于此案为超过20年的老房子，天花板不高，而且有许多超大的横梁分布其中，因此利用天花板深度，以圆弧镂空造型天花板设计拉高局部空间的天际线，在灯光照射下，营造不同空间氛围。

天 花 板

悬吊铁件是屏风，也是展示柜

由于起居室与工作区采用开放式设计，除了后方的大型书柜外，为避免两侧动线影响工作区，在书桌两侧各用铁件设计悬吊展示柜，兼作屏风使用，穿透的设计使空间更显深远，充满趣味。

E

柜 体

一物多功能

F 家具 = 悬浮座椅 + 展示台

家 具

悬浮设计，把转角空间变座椅及展示空间

因结构不方正，所以空间里有许多转角空间，通过悬浮式设计修饰，如玄关结合鞋柜的穿鞋椅，或包裹客厅外墙的座椅等，不但视觉轻量化，还能形成有趣的展示空间。

**餐厨合一、家庭电影院，
家就是游乐园**

文：蔡婷如　图片提供：甘纳设计

面积：125平方米 | **格局**：客厅、餐厅、厨房、主卧 | **家庭成员**：1人
| **房主职业**：金融业 | **建材**：实木贴皮、玻璃

● 一物多功能

空间的定位和动线，取决于主人的习惯和喜好。在这个
空间里面，因为主人爱下厨，因此设计重点集中在如何
将餐厅和厨房融合。厨房旁的窗台规划出一处可供种
植香草植物的平台，好让房主下厨时随手可取得新鲜香
草，增添做菜乐趣与食物芳香。电视主墙安装了大型投
影幕布，可以随时享受如电影院般的视听效果。

墙面＝家庭电影院＋主墙面

桌子＝餐桌＋茶几

柜休＝空瓶陈列架
＋装饰墙

长条状的平台，身兼厨房中岛台面及餐桌使用功能，一致性动线，也使房主在厨房
做料理时，活动更顺畅。

（A）

墙 面

主墙面化身电影院

带着原木色泽、予人厚实温暖的电视墙，是客厅的主墙面，安装隐藏式大型投影布幕，需要时就化身为家庭电影院。

B

桌子

餐桌和厨房工作桌共用平台

厨房和餐厅结合时，餐桌取代了茶几的角色，大家环坐在餐桌边，一边嬉闹着，一边看主人料理，悠闲地度过美味时光。

C

柜体

空酒瓶成了空间最佳装饰物品

因为房主爱喝红酒，许多酒都是具有珍藏价值的好酒，喝完后瓶子丢掉太可惜，因此，房主留下一些喜爱的或有特别价值的空酒瓶，摆放在架子上，不仅保留了记忆，还能装点空间。

打开天井、包覆柱体延伸功能，打造收放自如阳光宅

文：柯霈婕　图片提供：奇逸空间设计

面积：室内162平方米、室外46平方米 | **格局**：客厅、餐厅、厨房、主卧 | **家庭成员**：夫妻＋2子 | **房主职业**：金融业 | **建材**：银狐大理石、人造石、镀钛板、不锈钢、桧木喷砂实木皮染灰

📍 一物多功能

1F

拥有室内162平方米、室外46平方米的复层空间，运用大量玻璃串连室内外。变动原室内阶梯位置后，再更改阶梯造型，利用台阶延展出卧榻平台，搭配天井与穿透台阶，让采光自然流泻，明亮的空间让延伸效果更加强烈。二楼主卧的结构柱以大理石包覆，化身为电视主墙，并沿着柱体延伸出阅读桌与视听柜，使卧室成为功能的核心。

C

天地＝天花板
＋采光

A

D

楼梯＝第二台阶
＋卧榻

门板＝餐厅主墙

B

墙面＝玄关屏风
＋展示柜

穿透的台阶、隐藏门的造型墙，都是空间的视觉艺术。

A

楼梯

利用梯下空间做卧榻

特地拉大第二阶的幅度，搭配阶梯上方的天井，作为享受阳光的休憩卧榻，穿透的台阶亦可降低卧榻的压迫。

屏风嵌入展示柜，具双重展示效果

玄关屏风使用大理石做不对称拼贴，增添空间艺术感，背面嵌入的木作量体，提供展示与收纳功能。

B

墙面

玻璃天井让室内洒满自然光

楼梯天花板以玻璃做天井，立面同样采用玻璃以加大进光量，搭配两种不同开法的卷帘，可随时依需求控制光线。

天花板

是门板也是墙面

运用分割线条隐藏门板沟缝，将用人房门板与落地收纳柜结合，形成一个完整的墙面，线条造型也让餐厅背墙不单调。

门板

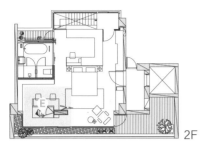

● 一物多功能

E

桌 子

**视听柜 + 写字桌 + 卧榻 +
电视墙的积木方块**

将结构柱以大理石包覆设计
为电视墙，并沿着柱体发展
出视听柜、阅读桌，并在阅
读桌的后方面窗处规划卧
榻，方便房主以不同形式使
用桌面。

2F

E 桌子 = 视听柜 + 写字桌 + 卧榻 + 电视墙

门板变墙面、展示柜成端景，多功能设计满足多种需求

文：柯霈婕　图片提供：丰聚室内装修设计

面积：165平方米 | **格局：**玄关、客厅、餐厅、厨房、主卧室、儿童房、长辈房、卫浴 | **家庭成员：**夫妻、小孩×2、长辈 | **建材：**镜面、板岩砖、木皮、木作

● 一物多功能

C
墙面＝玄关端景墙
＋穿衣镜

整体空间设计侧重于光线的引进，材质以深色木纹及灰色岩板带出丰富及自然的人文气息，并利用整齐一致的分割线条制造出秩序感。格局规划上以功能性的物件做弹性隔断，譬如过道可作为餐厨和客厅的间接划分，吧台可作为厨房和餐厅的分界，两间儿童房的拉门可随时打开或分隔房间等。主卧则规划双动线，其中一面出入口与电视墙结合为墙面设计，设计满足多种需求，是能弹性运用的功能宅屋。

柜体＝过道端景＋展示柜

吧台＝厨房料理台面
＋早餐吧台＋收纳＋
隔断矮墙

通过吧台、展示柜、镜面等物件达到空间界定，并满足收纳的需求。

集结收纳、台面与隔断功能于一体的吧台

开放式厨房利用吧台区隔餐厅与厨房，兼顾视觉穿透，也让厨房多了可供使用的台面，同时在底层规划出收纳储物空间。

A

吧 台

具有展示收纳功能的过道端景

在过道底端的柱体规划展示柜，不只
让餐厨多了收纳空间，也可成为过道
端景，缓和柱体在空间的突兀感。

B

柜 体

墙面

C

茶镜当墙面，空间延展效果佳

玄关以落地镜满足家人出门前整装的需求。双倍的镜面延展效果，让空间视觉产生延伸，也成为空间的端景。

D 门板 = 隔断墙 + 滑推门
E 门板 = 电视墙 + 房间门板

两间变一间的儿童房，方便父母陪伴

在两间儿童房中间以滑推门做弹性隔断，平时打开变成宽敞的一间房，提高亲子互动性，门板亦可收在展示柜内，使空间视觉更干净。

D

门板

E

门

隐身在墙面的门

板岩砖的电视墙结合木制素材门板为客厅制造大面宽的视觉效果。此门可通往主卧,是主卧双动线的另一个入口,同时顺势隔出客厅与主卧。

30 玄关柜做隔断，串连电视墙，量体整合让功能更完整

文：柯霈婕　图片提供：PartiDesign Studio

面积：82.5平方米 | **格局：**玄关、客厅、音乐创作区（练习区）、厨房、主卧、卫浴×2 | **家庭成员：**单身 | **房主职业：**工程师 | **建材：**梧桐木、美耐板、玻璃、油漆

📍 一物多功能

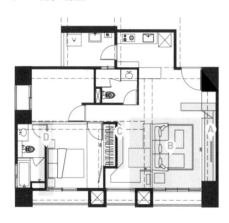

喜欢音乐创作和橄榄球的房主，向往随兴、无拘束的工业风格（LOFT风格），裸露的天花板与管线释放工业感，并通过开放式设计，把音乐创作区、练习区融入生活区域里。空间以两道柜体立面为主角：玄关柜与电视墙架构出的L型体将两个功能量体合二为一。沙发背墙的展示柜，提供投影机、书籍的摆设，背后是主卧衣柜。

B 天花板＝裸露天花板＋消防管线＋灯具＋空调管线

C 墙面＝客厅端景墙＋正面书柜＋背面衣柜空间

D 墙面＝床头背墙＋厕所暗门

A 柜体＝遮挡穿堂煞＋鞋柜＋电视墙的延续

玄关柜的玻璃格可以引光，视觉流通又具备置物功能。

A

柜体

会转弯的墙，整合三种功能

玄关鞋柜串连电视墙面，利用转折处设计视听柜，同一量体整合三种功能的设计，不只使空间感更流畅，也独立出玄关区域。

裸露管线也是空间的装置艺术

为完整呈现工业风格，让天花板裸露不封板，并将消防管线、灯具、空调管线结合成为天花板造型，把灯光与必备管线化作艺术展示，表现粗犷不拘的工业风格。

天 花 板

善用双面柜当端景墙

从主卧外推出衣柜空间，面
对客厅的立面便成为书柜的
背墙，开放层架的设计方便
投影仪放置与书籍展示，配
合深灰背景打造个性化的客
厅端景背墙。

墙 面

门板隐藏在墙里

利用木皮不同的纹理拼贴出
床头背墙，并以直线切割分
出五等份，巧妙地将主卫暗
门纳入墙面的整体造型，也
让门板具有两种身份：是门
也是墙。

墙 面

可移动的墙与窗帘，塑造明亮简约北欧风格

文：李宝怡　图片提供：虫点子创意设计+室内设计工作室

面积：99平方米 | **格局**：玄关、客厅、餐厅、吧台、厨房、主卧、书房、客房 | **家庭成员**：夫妻 | **建材**：板岩砖、木纹砖、超耐磨地板、软木地板、玻璃、铁件、不锈钢、灰镜

● 一物多功能

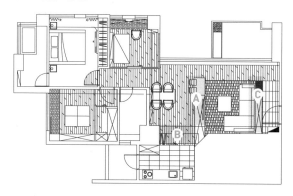

C

柜体=玄关柜+沙发背墙+鱼缸+边几+隔屏

运用半开放的设计手法，将公共空间切割为四等份，并保留大面积采光让空间通透明亮，譬如将书房的隔断墙拆掉，换成强化玻璃，引入自然光。为了兼顾隔断及收纳，因此运用柜体整合，如玄关柜是沙发背墙同时也是电视柜。另外，不同材质的地板材料使用也是一大特色，如玄关的板岩砖落尘区、书房用硬木地板吸音等等，最后搭配用风琴帘适时调整阳光从落地窗洒进来的角度及景色。

门＝玻璃＋
拉门＋隔断

B

A

柜体＝电视柜＋吧台
＋餐边柜＋隔屏

为了保留大面积采光，刻意将玄关、客厅及餐厅三个空间靠一边，开放窗户边的过
道，让阳光可以洒到屋里各个角落。

（A）

柜 体

**串连电视柜的小吧台，
增添家人亲密空间**

当空间有限时，柜子就
不一定只有一种使用功
能，电视柜除了收纳电
视设备外，背面也是一
个结合吧台及餐边柜的
多功能柜体。

玻璃铁件折叠门区隔餐厅及厨房

为避免厨房油烟进入室内，因此在餐厅与厨房中间，做了一个玻璃铁件折叠门，不用时，可以靠墙面收纳，不占空间，必要时再合上。清透玻璃让落地窗的采光也得以进入厨房。

B

门 板

结合鞋柜及沙发背墙的玄关柜

玄关柜不但具有鞋柜收纳及沙发背墙功能，采用悬空设计，利用带墙的灰镜反射放大空间感，中间的置物平台还可以放手机和钥匙等小物品。转角的地方特地留下鱼缸以放置房主饲养的鱼。

C

柜 体

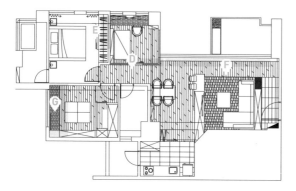

♥ 一物多功能

D 墙面 = 隔断 + 留言板 + 隔音
E 门板 = 移动电视墙 + 衣柜门
F 窗帘 = 风琴帘 + 遮阳 + 造景
G 地板 = 架高地板 + 座椅 + 储物柜

D

墙 面

书房的玻璃隔墙也是留言板

将书房的隔墙改为强化玻璃，以减缓长廊带来的压迫感及昏暗度，地板改为软木地板，可大大减弱因弹奏乐器所带来的噪声问题，未来也可以改成儿童房、游戏间。玻璃墙上亦可写字或画画，呈现童趣。

E

门 板

衣柜门就是电视墙

在空间配置中，将衣柜规划在主卧床铺的正对面。为了完整使用衣柜，又能看电视，因此利用铁件及木皮设计活动式电视墙，让衣柜门板不因电视使用而卡住，一举两得。

窗 帘

风琴帘可上下移动遮阳，又可营造室内风景

搭配大面落地窗的窗框，设计不同大小的风琴帘，不但可以遮挡阳光，又可上下调整窗景。通过窗帘及窗框的切割，形成有趣的风景变化。

架高地板，下方为储物柜，靠窗为座椅

以和室的概念将客房的地板架高，除下方
可以做储物收纳空间外，窗边书桌也可以
设计下凹，当作椅子来使用。客人来时，
只要加上棉被，就是好用的临时睡眠区。

G

地 板

第二章

家居单品

1 墙面

1-1 双面墙=隔断＋空间共用＋柜体

墙面在空间中扮演着"分隔"的角色，能让居家中的各区块有清楚的分界。但在面积不大的条件下，讲求多元用途的设计理念也会应用在墙面上，墙不仅仅是隔断，也是两个空间共用的收纳柜。

适用空间——玄关、客厅、餐厅、书房、卧室

需求达成

将共用概念运用在墙面上，使隔断墙具备双面使用功能，界定区域性之余也满足两个空间的收纳需求。另外，延着柜体所形成的回字型动线，也能让出入更自由。

尺寸细节

墙柜的尺寸会因空间用途而有差异，空间共用时应考虑双面所放物品再决定两面墙的厚度，例如：鞋柜或书柜约30厘米、餐柜或置物柜约45厘米、衣柜约60厘米。

● 依物品型态规划柜体深度

由于双面墙必须同时供两个空间使用，摆放的物品会随空间型态而不同，有可能一面放视听设备、另一面放书籍；也可能一面放餐具、另一面放收藏品，因此在设计上，不能完全开放，使所有物品混乱放置，必须视收纳物品规划深度，并适当分配墙面比例，以隔板区分两个空间的使用范围，在共用、收纳、美观之间达到平衡。

双面柜延伸出双动线

利用木作成为客厅电视主墙墙面的主要材质，不置顶的设计、双动线的安排，增加视觉、动线的流动感，后方更兼作餐厅的主墙使用，具备收纳、展示功能，同时也是两个区域的分界。

图片提供©王俊宏室内装修设计

图片提供©王俊宏室内装修设计

图片提供©直学设计

图片提供©直学设计

回字型墙面，满足功能与动线
设计师利用温暖的原木书墙，轻巧划分出客厅和书房。且柜墙左右两边保留动线，作为进出书房的过道。

一柜两用，并设有维修孔
60厘米厚的隔屏，区隔客厅与书房空间，并精准计算出视听音响柜、事务柜与电脑桌，所有配线都埋入柜体内，并设有维修孔。

图片提供©德力设计

图片提供©德力设计

图片提供©慕泽建筑·空间·室内

图片提供©慕泽建筑·空间·室内

双面使用的半高墙减轻压迫感
半高墙设计能化解上方大梁的压迫感，背面设计成书柜，45厘米的深度使量体不过厚，又保有收纳实用性。

电视墙与衣柜共用
以60厘米厚度的复合墙面作为客厅与主卧的隔屏。隔屏为双面功能，面向起居空间是电视墙，面向主卧则是一座厚度50厘米的衣柜。

图片提供©德力设计

图片提供©德力设计

半高墙=隔断+通透+书桌或吧台+柜体

为了能让光线被最大限度引入室内各角落，并保留空间的穿透感，墙壁不再以"顶天立地"的形式存在，而采取降低高度、增加功能的设计手法呈现，除了可以当作隔断，还能更多地符合生活的实用功能。

适用空间——客厅、餐厅、厨房、书房、卧室

需求达成

降低高度的墙面，让自然光能毫无阻碍地穿梭于空间中，且能依照需求在墙面处规划书桌、吧台、收纳柜等，同时亦保有隔断墙的遮挡效果。

尺寸细节

半高墙的厚度不宜过薄，否则视觉上会显得不够稳固。墙的适当高度控制在90~150厘米之间，若作为沙发背墙使用，适用高度约90~100厘米，柜体约150厘米。

🔘 半高墙二合一的实用之处

半高墙的设计目的，主要就是赋予墙面更多功能，让它满足居住者在生活上的要求。常见的设计手法有：电视柜结合书柜、收纳柜结合展示柜、沙发背墙结合书桌等。这样的设计既能分隔空间于无形，又集收纳、通透于一身。有时矮墙设计更能化解天花板大梁压迫的问题。

图片提供©虫点子创意设计+室内设计工作室

电视柜＋中岛洗手台＋吧台为家的核心

在客厅及开放式厨房之间，设计低矮电视墙，电视墙背面为洗手台，洗手台延伸出去则为吧台，三者合一，成为家的核心。

图片提供©虫点子创意设计+室内设计工作室

书桌隔屏也是沙发背墙

将110厘米高的清水模设计成书桌隔屏，同时也是沙发背墙，与电视墙相呼应，让客、餐厅与书房连为一体，一气呵成。

图片提供©尤哒唯建筑师事务所

旋转墙=隔断+共享功能

电视是大多数人的生活必备品之一，而且有的家庭还不只一台，因为公共空间和私人空间可能全都需要安装。但在预算有限的情况下，如果能让电视随人的位置移动，不但省钱还能释放更多空间规划其他设计。

适用空间——客厅、餐厅、书房、卧室

需求达成

通过旋转墙的设计，将电视、影音设备和空间的其他需求相互结合，当在不同空间需要使用电视时，只要把隔断墙旋转即可，不需再添购多台电视。

尺寸细节

旋转柱要注意结构强度是否足够，否则旋转墙会掉落，连接柱子的天花板也要加强结构，若柱子固定于架高地板，亦要加强结构，才不会载重过度。

● 旋转墙周边家具以轻巧为主

旋转墙的特点就是能随需求转动墙面，以满足居家生活中的不同状况，但平时在转动动线上难免会摆设茶几、单椅等家具，因此位于该空间中的家具应以轻便款式为主，这样，当墙面旋转时才可方便移动，让墙面和家具都能达到灵活使用的目的。

图片提供©王俊宏室内装修设计

铁件旋转电视墙亦是隔屏

电视主墙在设计上，摒除石材的变化，利用实木、铁件，规划双动线、具通透性的立面表现，除了生活上提高互动性之外，电视还可180度旋转，提供给客、餐厅区域使用。

旋转电视墙vs.轻巧隔断

以悬吊的旋转电视墙取代轻隔断，管线从天花板上方导入，配合躺卧床上观看的舒适视觉高度，剩余的上方空间则规划成6个收纳格。

图片提供©德力设计

图片提供©德力设计

1 墙面

2 柜体

3 吧台

4 玻璃

5 门板

6 百叶窗

7 家具

8 卧榻平台

9 楼梯

10 天地

11 灯光

图片提供©KC design studio

图片提供©KC design studio

一个柜体三种用途
使用铁柱当旋转的中轴线，上下透空设计增加不少轻盈感。面向客厅为电视墙，面向厨房则为展示墙，推至窗边则空出大块空间，可作为阅读视听区。

墙面移动，将空间合二为一
运用木作打造书柜与电视墙双面量体，并以铁制结构作为墙面移动的中轴线，将电视视听线路藏在柜体内，让两个空间合二为一。

图片提供©KC design studio

图片提供©KC design studio

1-4 立体电视墙
=置物平台+收纳柜

电视墙是居家空间中最常见的基本设计，虽然是为了挂放电视，但功能绝对不会单一，必须融入展示、置物、收纳等用途，才不会白白浪费一面墙的空间。

适用空间——客厅、卧室

需求达成

将电视墙依照周边空间的需求妥善规划收纳设计，上方可以是书柜、展示柜，下方则是置物平台、设备柜等，亦满足增加储物空间的需求。

尺寸细节

电视墙的高度可视沙发高度来评估，墙下的置物平台台面应在离地40～45厘米处，较符合坐在一般沙发上的平视高度，若沙发款式特殊则需另外斟酌。

🔖 门与层板搭配，增加柜体实用度

电视墙要结合收纳功能，除了隐藏设备线路之外，还必须了解空间的其他需求，例如：在公共空间的电视墙需要摆放书籍、餐具、食品、家饰品，在卧室的电视墙需要收纳衣物、杂志、个人收藏等。这些物品有的适合展示，有的则需要收起来，所以在规划上应以门和层板互相搭配，依照物件属性决定开放与外露的比例，才不至空有收纳功能却缺乏视觉美感。

图片提供©PartiDesign Studio

一面墙整合玄关、餐厅、过道、电视柜

整合玄关、储藏柜、餐厅展示柜、过道端景柜、电视影音柜等功能，通过不同形式的收纳、高低错落的构构，打造立体造型墙。

隔断墙结合置物平台功能桌

在木质的轻隔断电视墙中嵌入50厘米深的设备柜，电视墙不需配合柜深而加厚，突出的设备柜亦可成为卧室的置物平台。

图片提供©奇逸空间设计

玻璃墙体=隔断+采光

居家格局需要借助墙壁分隔出不同用途的空间，以符合生活上的需求和便利，但厚重、高耸的墙面也是遮挡光线的阻碍物，因此，可运用设计手法，采用透光材质增加穿透感，将自然采光引入室内。

适用空间——客厅、书房、餐厅、和室

需求达成

将具透光特性的玻璃材质融入壁面设计，除了保有隔断效果，也让光线进入屋内，进而提升空间的亮度。

尺寸细节

使用玻璃的墙体若是外墙，要特别注意防水，在施工时要确实做好防水、填缝等工作，以免日后漏水。若为内墙则要确保牢固，一般来说，有边框的做法会比无框更稳固。

● 依透光度需求选择玻璃材质

为了安全起见，目前普遍使用的是强化玻璃，并可依据光线强度需求选择适合的种类，如：清玻璃、喷砂玻璃、夹膜玻璃等，其中夹膜玻璃内可换夹不同材质，从而制造各种光影效果，若预算有限，亦可使用清玻璃搭配玻璃贴膜来达到类似的效果。

图片提供©PartiDesign Studio

1 墙面

2 柜体

3 吧台

4 玻璃

5 门板

6 百叶窗

7 家具

8 卧榻平台

9 楼梯

10 天地

11 灯光

横向延伸、保留采光

餐桌与吧台后方的背墙，兼具餐柜、收纳、展示功能，上方保留玻璃气窗，可保留采光，并拉出墙面的横向轴线，让面宽延展。

图片提供©匡泽空间设计

墙体嵌入收纳柜及玻璃，前后空间共享光线

电视墙后方为书房及和室，将书房及和室的门改为隐藏门，墙体嵌入收纳柜及玻璃，让客厅与和室的光可彼此通透。

卧室隔断=梳妆台＋衣柜＋更衣空间

卧室的大小因人而异，但无论面积大小，衣物的收纳空间绝对不能少，如果还能拥有一间更衣室，就等于具备豪宅等级的卧室规格了。

适用空间——卧室

需求达成

在房间内规划一道隔断墙，将空间一分为二，就能满足更衣空间的需求。

尺寸细节

以步入式衣帽间（Walking closet）为概念的更衣室，通常会有两排不加门板、深60厘米的衣柜，加上过道至少要有70厘米，如果要满足转身、试穿等则需要90厘米，因此纵深预留190~210厘米为佳。

● 床头板与更衣柜柜体的结合

卧室里的隔断墙除了能分隔出更衣室之外，墙面本身也能通过设计被赋予功能性，例如电视墙或衣柜。如果隔断墙同时是床头背墙，则可将床头柜嵌入壁面，节省空间也让墙面更富实用功能。

电视柜与梳妆台一体成型
在主卧电视主墙墙面的设计上，利用木制材料，连贯规划成为女主人的梳妆区，利用侧边的厚度安排收纳功能，给予空间立面丰富的功能性。

图片提供©王俊宏室内装修设计

床头板后的开放式更衣室
床头板后方是一座可左右进出的开放式更衣室，在正面两侧离地45厘米处，设计内嵌的床头柜，并加装照明小灯方便睡前阅读。

图片提供©德力设计

图片提供©德力设计

1 墙面

2 柜体

3 吧台

4 玻璃

5 门板

6 百叶窗

7 家具

8 卧榻平台

9 楼梯

10 天地

11 灯光

床头板=梳妆台+隔屏

卧室因为有床铺占据大半空间，因此若房间面积并不大，想要再摆下一张梳妆台，就会变得又挤又压迫。为了保持舒适的睡眠环境，利用床头背板后方结合桌台的方式，让卧室又宽敞又具有多重实用性。

适用空间——卧室

需求达成

床头背板以横向沿着床铺后方设计，一来可在背板后方设计桌台，作为梳妆台或临时书桌使用；二来也可作为与更衣室或浴室的隔屏。

尺寸细节

床头背板厚度至少要8厘米左右，才能支撑桌子的重量，在整体长度比例的规划上，床占160厘米、两侧床头柜各约60厘米，因此背板长度300厘米左右为佳。

● 床头板梳妆台的收纳设计

床头板结合梳妆台的收纳设计，以简单的抽屉搭配收纳格为主，让保养品、化妆品物有所归，再加上藏于桌板内或立在桌边的梳妆镜，所有需要的功能一应俱全。

床头、梳妆、线路，功能三合一

木作矮墙整合床头与梳妆台，可将电源线路收纳其中。直立式旋转镜埋有灯管，满足前后的照镜以及照明需求。

图片提供©台北基础设计中心

床头板延伸出梳妆台

隔屏与梳妆台二合一，也是床头板的一部分。两侧为抽屉，中间采用上掀门板，内部贴覆明镜。

图片提供©德力设计

其他

图片提供©王俊宏室内装修设计

铁件格栅墙增加视觉穿透
运用铁件材质，突破传统设计上以墙面封闭方式的规划手法，改以格栅线条，建立出玄关与餐厅、餐厅与客厅的互动关系，同时增加视觉与光影的穿透性。

图片提供©王俊宏室内装修设计

图片提供©德力设计

图片提供©德力设计

素雅白墙后方的强大收纳
白色电视墙内嵌视听收纳槽，两侧则分别是深40厘米的鞋柜以及深60厘米的厨房电器柜。

美化电源箱又是地图看板
厨房旁的总电源开关隐身在量身定制的世界地图之后，地图背面附有磁铁吸附。

图片提供©德力设计

2 柜体

2-1 悬吊柜=玄关屏风＋展示平台+鞋柜

柜体的设计手法越来越多元，不再只是单调的一个柜子，为了摆脱笨重的形象，将柜子抬离地面，以悬空设计制造漂浮感，让厚实的柜体在视觉上变得轻盈。

适用空间——玄关、客厅

需求达成

悬吊柜可作为玄关屏风，避免一入门直视室内，当作鞋柜时，下方还能摆放拖鞋或便鞋，一并解决收纳、实用的需求。

尺寸细节

作为玄关屏风的悬吊柜，高度95～100厘米较为适宜，以便符合一般东方人伸手置物的高度，但还是要视个人身高体型进行调整，才能真正好放好取。

● 以铁件支撑柜体重量

常见的悬吊柜做法有两种：一面靠墙或完全腾空，这两种柜体所需的支撑强度会有所不同，一般都会使用铁件支撑，倘若支撑部分外露于空间中，最好能融于整体设计，兼顾结构安全及视觉美感。

图片提供◎王俊宏室内装修设计

图片提供◎王俊宏室内装修设计

镂空悬吊柜穿引光线

玄关柜以木作材质设计为主，借由悬挑的方式来制造光线和视线的穿透变化，减少玄关区域因为柜子形成视觉上可能的压迫感。玄关柜同时成为与餐厅区域的界线。

鞋柜、屏风所组成的悬吊柜

以屏风为概念，通过二支H型钢与
木皮打造鞋柜，半遮半透，不仅
区隔出过道，也营造了另一侧书
房的沉静气氛。

吊柜、铁件，设计轻巧玄关柜
以铁件作为支撑结构，将柜体悬吊在空中，利用穿透及留缝设计，让玄关量体减轻却又不影响客厅的隐私性。

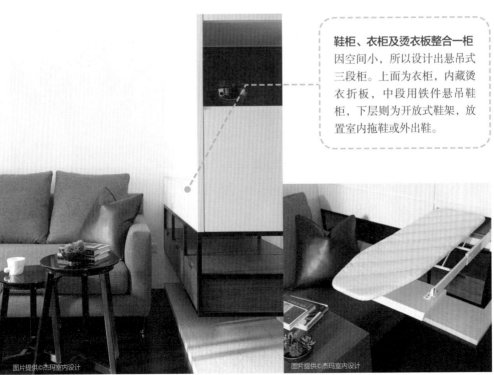

鞋柜、衣柜及烫衣板整合一柜
因空间小，所以设计出悬吊式三段柜。上面为衣柜，内藏烫衣折板，中段用铁件悬吊鞋柜，下层则为开放式鞋架，放置室内拖鞋或外出鞋。

圖片提供©王俊宏室內裝修設計

圖片提供©王俊宏室內裝修設計

图片提供©王俊宏室内装修设计

垂直与水平格柜具穿透效果

为了不让厅区形成压迫感，同时引入充足的自然光线，所以在区域界定上以垂直、水平线条为主的设计，形成隔屏介质与展示主体，而开放的线面，更能让视线与光线自由穿越，增加光影的灵动性。

实木与铁件悬吊柜展现轻盈意趣

玄关与餐厅之间利用实木、铁件等，以悬挑的方式设计具收纳和展示功能的柜体，并兼具隔断效果，借由光影的安排，带来通透、轻盈、漂浮的意趣。

图片提供©王俊宏室内装修设计

235

柜体延伸=平台座椅＋串连空间＋隔断

柜体除了收纳功能之外，也有着延伸空间线条的作用，通过顺沿柜体而来的设计，可以是隔断也可以是平台，同时也借此串连居家中的不同领域，提升整体一致性。

适用空间——玄关、客厅、书房、卧室

需求达成

视空间格局需求规划柜体延伸的用途，在玄关可设计穿鞋椅、在客厅可区隔其他空间、在书房可当作卧榻平台或矮凳。

尺寸细节

柜体延伸部分若为倚坐功能的平台座椅，则高度约45厘米较适当。

● **延伸柜体可造型也可拉长空间感**

柜体延伸在设计上可分为两大类型，一种是造型上的延伸，可选用与柜体不同的材质，制造对比美感；另一种是空间线条的延伸，在材质上和柜体一致，借助材质的延续性制造整体感，也同时拉长空间尺度。

图片提供©台北基础设计中心

栓木悬浮柜，创造轻量感
玄关入门的主视觉，以悬浮的收纳柜遮挡用餐区的视线，沟缝门把在清浅栓木上创造分割线的设计，搭配底端的平台形成两种陈列置物方式。

图片提供©国誉空间设计

吊衣、鞋柜及穿鞋椅，一应俱全
以 L 型交错的设计手法整合柜体，形成45厘米宽的穿鞋柜台面，上方承载60厘米深的吊衣柜，以及40厘米深的鞋柜，极富几何趣味又兼顾功能性。

电视设备柜也是书房矮凳
木矮柜既是客厅的主机设备柜，也是书房的矮凳，亦为两空间的分界。

收纳矮柜成为观景卧榻
开放式更衣室，兼具小型书房功能，衣柜旁的收纳矮柜可坐在上面穿衣戴帽，还可顺道欣赏旁边的落地窗景观。

串连手法，放大空间感

嵌入液晶电视的黑镜柜，左下安排局部灰色收纳抽屉，一路往窗台、玄关延伸，将不同空间串连起来。

电视柜也是书房台阶

电视柜台面整合于架高的书房台阶，让整个和室兼书房由内而外、向客厅延伸扩展。

2-3 转角柜=空间共用+一柜多用

利用空间的转折处，或为了遮蔽矗立于空间中央的柱子，以收纳功能为出发点，将柜体设计为转角柜或包覆柱体的回字型柜，达到修饰格局、视觉顺畅、功能实用的目的。

适用空间——玄关、客厅、餐厅、书房

需求达成

一个柜子可同时满足2~4个空间的使用需求，又兼具居家美感的装饰功能，减缓柜体给人巨大、沉重的视觉压迫感。

尺寸细节

柜体的功能主要以置物为主，需依照收纳物品的尺寸决定深度，通常在30~60厘米之间。

🔵 设备柜需设计散热格栅

在外型美感上，柜体若为设备柜，可借由格栅手法达到散热功能；在结构上，柜体若需要悬吊，则应以铁件增加承重力。

图片提供©PartiDesign Studio

透空、两空间共用储物
从玄关鞋柜发展出的小书房，其中一个面与鞋柜共用，挖空边角制造摆放随身小物的平台，具有引导转折的作用。

图片提供©建构线设计

回字型设计，一柜多用
遮掩入口处大柱子的回字型柜体，一柜多用，分饰鞋柜、书柜、酒柜、储藏室等多元角色。

开放式层板柜
=间接光源+酒柜+书柜

柜子可分为有门板遮挡的封闭型柜和以层板展示的开放型柜。易造成居家杂乱的日常用品，通常会藏在门板柜里，而具有造型美感的生活物品，则能当作摆饰品，陈列于层板柜上。

适用空间——客厅、餐厅、书房

需求达成

层板柜兼具展示及收纳双重功能，为了让柜体更为活泼、充满设计感，可以运用灯光和造型加以美化，让柜子也可以成为空间中的焦点。

尺寸细节

支撑板对应的板材上的洞口，距离约5厘米为佳，若间隔太近会造成后续油漆或喷漆的不易。

● **书柜与酒柜的深度**

虽然层板的高度可以调整，但还是必须事先决定好要放的物品再施工，因为要放置的不同物品决定着柜体的深度，以书柜为例，深度的范围在25～30厘米；酒柜的深度则以一般的酒瓶尺寸为准，40厘米左右最符合。

图片提供©德力设计

图片提供©慕泽建筑·空间·室内

层板＋铁件，既是书柜又是酒柜
中岛与落地柜可收纳不少物件，柜体采用活动层板，加装铁件后，置物架便可化身为酒柜。

厨房外的开放式阅读区
在厨房外的空间以玻璃半高柜区隔，打造一个阅读休闲区。开放式书柜上摆放女主人喜爱的书籍和收藏品，备餐途中可稍作翻阅或休息。

图片提供©台北基础设计中心

图片提供©台北基础设计中心

图片提供©KC design studio

既是用餐空间，又是工作室

为符合餐桌合并工作台的使用需求，后方柜体加入书柜功能，并通过隐藏手法，将储藏室的门纳入墙面设计。

饰品展示，创造空间表情

使用木质建材、间接灯构筑出餐厅展示层柜，非等比例的层板切割，可摆放各种尺寸的饰品，木纹也成为天然的墙面艺术。

图片提供©匡泽空间设计　　图片提供©匡泽空间设计

轨道双层书柜，展示兼收纳
大面双层玻璃活动柜，上下均设置两条轨道以解决载重问题。玻璃柜上层设定为展示用途，因此连层板使用玻璃搭配投射灯，衬托收藏品的珍贵。

图片提供©德力设计

吊柜＋宠物床
书房折叠门旁的系统柜采用吊柜形式，下方腾空成为宠物的"卧室"，上方则收纳宠物所有的食品与物品。吊柜下方增加5厘米设置隔板紫外线灯，当宠物出门时就可以开启灭菌工作。

1 墙面

2 柜体

3 吧台

4 玻璃

5 门板

6 百叶窗

7 家具

8 卧榻平台

9 楼梯

10 天地

11 灯光

立体块状，收纳兼造型

大小不一、比例不同的长方形块体，彼此交错且不规则地排列出独特的收纳立面，在丰富的墙面表情下，包含影音柜、造型展示柜等实用功能。

造型书柜，让猫咪尽情玩耍

为了让书柜同时兼作猫咪的大玩具，可以上上下下玩耍，于是有了这样一个树枝状柜体。

247

吧台

3-1 吧台=餐厨中介+收纳

开放式厨房已经成为居家设计的趋势，在没有门板或墙面区隔厨房与客厅、餐厅的情况下，可以运用吧台作为分水岭，让空间有所界定，同时也达到收纳的实用功能。

适用空间——客厅、餐厅、厨房

需求达成

在厨房和餐厅之间设计吧台，除了有隔断作用，更可提升收纳效率，补充厨房厨具储物空间的不足，此外，也可在吧台享用便餐，有助于凝聚家人间的感情。

尺寸细节

吧台的用途虽多，但主要功能还是以用餐为主，因此，台面的材质选择还是以耐热、易清理的人造石较佳。

● 吧台上、下的收纳设计

吧台下方可规划收纳柜、抽屉及层板，解决厨具储物空间不够的问题；上方设计吊柜，可摆放泡茶、煮咖啡会用到的杯盘、器具或零食、饼干等，顺手好拿取。

吧台、早餐桌，以及隔断矮墙

木质与黑色为主调的吧台，为房主创造出早餐桌空间。同时，吧台亦可当作厨房与客厅的隔断矮墙。

1 墙面

2 柜体

3 吧台

4 玻璃

5 门板

6 百叶窗

7 家具

8 卧榻平台

9 楼梯

10 天地

11 灯光

界定内外的休闲风吧台

宽敞的公共空间，运用吧台圈围出厨房区域，如同酒吧间的设计提高厨房里外互动。与过道切齐的轴线使空间属性划分更加利落。

图片提供©丰聚室内装修设计

1 墙面

2 柜体

3 吧台

4 玻璃

5 门板

6 百叶窗

7 家具

8 卧榻平台

9 楼梯

10 天地

11 灯光

以吧台为中介让动线更自由

中岛吧台制造的回字型动线让活动更自由，同时，多了备餐台，上方另置入水槽方便洗涤，内部隐藏的收纳空间同时满足电器放置需求。

灰镜吊柜增加质感

在原有的厨房设施另增设吧台，并加装系统吊柜扩增收纳，双面柜设计表面采用灰镜，映衬宽阔空间质感。

图片提供©德力设计

3-2 吧台延伸桌面
=工作桌+出菜台+餐桌

在面积有限的居家空间里，没有足够大的地方让餐厅和厨房各自独立，因此将两区合二为一是常见的规划方式。而原本属于单一区域使用的吧台及餐桌，则扮演了连接两区的桥梁，功能必须多元以适用于餐厨区。

适用空间——餐厅、厨房

需求达成

借由加长吧台台面或将餐桌紧邻吧台的做法，让吧台既是出菜台、也是餐桌，同时还兼具日常工作桌的功能。

尺寸细节

吧台台面必须加长，才能充当出菜台及餐桌，一般大约要延伸70厘米。若台面长度过长，则要以铁件补强，增加稳固度。

🔵 吧台延伸桌面的形式

当餐厨区合一时，餐桌的安排位置通常会与吧台垂直，呈L型或T型，餐桌的设计可以和吧台一体成形，也可以另外添购或定制独立餐桌，亦可沿用质感不错的旧餐桌。由于这张桌子不只是餐桌，平时也是工作桌，因此最好在靠近桌缘下方处设置地板插座，方便使用电磁炉、笔记本电脑等。

吧台延伸成为工作桌

从厨房料理台延伸至公共区域，新生的台面是轻食区吧台也是工作桌。同时结合后方餐柜成为玄关端景。

图片提供©PartiDesignStudio

餐桌兼出菜台，并具边几功能

结合水槽的中岛吧台，刻意将人造石往外延伸70厘米，充当餐桌及出菜台。右方的层板可弹性作为沙发边几。

图片翻拍©由卓子创意设计+室内设计工作室

1 墙面

2 柜体

3 吧台

4 玻璃

5 门板

6 百叶窗

7 家具

8 卧榻平台

9 楼梯

10 天地

11 灯光

图片提供©尤哒唯建筑师事务所

餐桌垂直嵌入，延伸为L型餐厨区
将餐桌垂直嵌入一字型的厨柜中，形成做饭、用餐并置的L型区域，深化线性空间的视觉体验。

吧台、出菜台兼流理台
开放厨房及餐桌之间设置高90厘米、宽50厘米、长120厘米的中岛吧台兼出菜台，特地选用暖色的实木桌子与白色冷钢对比，给人一种都市丛林的氛围。

图片提供©尤哒唯建筑师事务所

图片提供©PartiDesign Studio

1 墙面

2 柜体

3 吧台

4 玻璃

5 门板

6 百叶窗

7 家具

8 卧榻平台

9 楼梯

10 天地

11 灯光

遮挡炉灶、扩充收纳

半高吧台作为炉灶家电的遮挡，也是厨房和餐厅的界线，小家电可摆放在吧台后面，下方则规划为收纳空间。

出菜台＋餐桌，联结餐厨功能

局部变更厨房隔断墙，改以洗水槽隔屏替代，另增设90厘米高的出菜台并结合餐桌，让空间的功能更加完备。

图片提供©德力设计

4 玻璃

4-1 玻璃拉门=隔断+增加采光

独立空间的构成要素不外乎墙壁和门窗，若想保有壁面的延伸完整性，可运用拉门设计作为隔断。若想引入采光，让空间内保持明亮，则可使用具透光效果的玻璃为拉门材质。

适用空间——书房、和室、浴室、储藏室

需求达成

当空间需要被遮蔽但又不想阻碍视线与光线时，选择玻璃材质、以拉门设计作为隔屏是最好的方式，不但具备基本的门的需求，也兼顾了隔断功能，更满足透光但不透明的隐私性。

尺寸细节

拉门的门板数取决于空间的长度，不同数量的门板会因设计与整体比例产生不同的效果。必须挑选品质好的五金及滑轨，平移推拉时才会顺手好用。

🔵 房间拉门应选用透光不透视的玻璃材质

玻璃能引入光线、增加采光，可为空间提升明亮度。但作为房间拉门使用时，一定要特别考虑隐秘性，不宜选择全透明的玻璃材质，让人能直接看到房间内部，应选用透光但不透视的玻璃种类，如茶玻、喷砂玻璃、压花玻璃、夹膜玻璃等，在保有隐私之余亦达到透光效果。

图片提供©奇逸空间设计

图片提供©奇逸空间设计

串连空间，清爽干净
白膜玻璃轨道门串连浴室与书房，搭配清玻璃隔断与木作收边把手，让空间更清爽且富有变化。

图片提供©匡泽空间设计

图片提供©匡泽空间设计

透光长虹玻璃，书房也是储藏室

处于玄关侧的书房兼储藏空间，因背窗采光不佳，所以采用带点直线纹路的长虹玻璃取代一般清玻璃，既保有隐私又可透光。

兼具采光与隐私，还可当作涂鸦墙
架高和室的同时在隔断墙嵌入玻璃增加采光，临书房的拉门改为喷砂玻璃并贴上壁贴图案，亦可充当留言墙。

玻璃屏风=隔断＋展示平台

进入大门的第一个区域多半规划为玄关，玄关会以屏风区隔内外空间，也可摆放饰品作为展示平台。

适用空间——玄关

需求达成

使用透光但不完全透明的茶玻为材质，不但具备透光效果，也可以阻隔视线，或通过箱型屏风设计，创造出可展示艺术品的平台。

尺寸细节

在高度规划上，底部以悬空设计制造穿透效果，平台高度大约落在离地75～85厘米，方便回家后顺手摆放钥匙或包。

🔹 **悬吊式玻璃屏风的承重力**

悬吊式玻璃屏风最令人担心的就是存在突然掉落这一安全隐患。因此在设计时必须在天花板加强结构，最好能负载一个人的重量，并利用铁件和玻璃的组合让屏风固定、不摇晃，如此一来不但承重力足够，也具有展示的实用功能。

是清透屏风，也能当作置物台
悬吊式的玻璃箱屏风设计，可摆放装饰品，亦可作为钥匙和包的暂放处。

图片提供◎濡泽建筑·空间·室内

5 门板

5-1 拉门=柜体门+通道门+门板共用

每个人都希望自己能住在一个便利的居住空间中，但在装修预算有限的情况下，最经济实惠的做法就是利用活动拉门达成一门多功能的期望，不但省下费用，设计也更为精准。

适用空间——客厅、餐厅、厨房、书房、卧室

需求达成

借由简单的拉门设计，同时满足柜门、房间门及通道门等用途需求，通过共用的概念，让一扇门可随需求和用途分饰多个角色。

尺寸细节

因为门板必须符合柜、房门等不同的使用需求，在材质选择上要注意遮蔽效果，以免看到柜内杂物或房间内的凌乱。

● **实用拉门的关键点**

活动拉门必须搭配轨道，因此上下轨道的五金品质和耐用度是影响拉门实用性的关键。推拉时是否顺畅、是否安静无声、是否有缓冲装置等都是需要注意的细节。

图片提供©PartiDesign Studio

图片提供©PartiDesign Studio

是柜门还是通道门，随心所欲

梧桐木拉门是通道门亦是橡木格柜门板，元素连贯让墙面视觉更具整体感。

图片提供©KC design studio

图片提供©KC design studio

图片提供©KC design studio

图片提供©王俊宏室内装修设计

卧室入口门板，可兼作柜体门

衣柜、储物柜与房门的门板，共用一道同轨滑推门，两扇门板与一道活动柜体墙，排列组合出各种空间使用方式。

图片提供©王俊宏室内装修设计

活动门板设计，确定区域关系

酒柜在设计上位于厨房与起居室同一轴线的中间位置，利用左右推拉式实木门板设计，形成两个区域各自的隔断效果，轻松建立不同区域之间的连贯性与独立感。

图片提供©王俊宏室内装修设计

图片提供©德力设计

图片提供©德力设计

图片提供©玉马门创意设计

图片提供©玉马门创意设计

左右移动，不同空间共用

一道玻璃拉门两个空间的共用门，往左拉成了客房的房门，往右拉则是小孩游戏间的房门。

三个空间共用两个门板

将玄关与餐厨之间的壁面三等分，划为玄关、储物间和上下吊柜区隔出的咖啡区，通过两片推拉门定义隐藏或开启。

活动门板=隔断+门墙

居家生活中有些空间并非每天必用，如书房、客房、儿童房等，因此在面积有限的情况下，可以通过活动门板的设计，赋予隔断更灵活的运用弹性。

适用空间——客厅、书房、客房、儿童房

需求达成

居家设计的格局必须考虑到将来生活中的需求，比如有时需要两间书房、亲友偶尔小住或几年后预计生小孩等。有了活动隔断墙就能依需求制造出符合当下生活情境的空间。

尺寸细节

不用时，门板可隐藏在墙与墙之间的缝隙，或柜子后方的空间。当门拉起，作为门墙时，两两相接的缝隙可以使一凹一凸的设计密合，一来看不出接缝，二来也让门板更为固定。

● **活动门板的各种形式**

门的形式与种类众多，一般活动门可分为拉门、折叠门和旋转门等。拉门一般建议做悬吊式轨道，推拉时较不费力也较美观；折叠门则可形成全开放式空间；多扇旋转门则可依需求释放空间。

图片提供©PartiDesign Studio

弹性隔断又能保有独立隐私
书房采用滑推门做弹性隔断，门可收折至侧边让空间开敞通透。客厅和书房之间，则使用下段梧桐木、上段玻璃的隔断墙，折门与百叶窗拉上，便可成为一个独立房间。

图片提供©PartiDesign Studio

图片提供©建构线设计

270

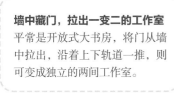

墙中藏门，拉出一变二的工作室
平常是开放式大书房，将门从墙中拉出，沿着上下轨道一推，则可变成独立的两间工作室。

移动门板，为未来空间保留弹性
电视后的活动门板拉起来可当书房或临时客房的隔断，等未来宝宝出生，门墙全开就成了孩子的开放活动区。

图片提供©建构线设计

图片提供©建构线设计

图片提供©甘纳设计

图片提供©甘纳设计

轻薄简洁，又能保持空间完整性

电视墙与和室拉门融为一体，拉开就成了通往和室的入口，合起时在视觉上便是完整立面。

活动拉门，活络公私领域互动

在一室一厅一卫的空间规划上，利用大面积的实木，规划单纯的立面表情，通过其朴质纹理，减缓压迫感，并结合活动式推拉门的设计，分隔卫浴与厅区。

图片提供©王俊宏室内装修设计

图片提供©王俊宏室内装修设计

图片提供©玉马门创意设计

图片提供©玉马门创意设计

旋转百叶门扇，引进光源
可旋转的木片，拉起来就成了半隔断墙，转开则可加强采光，增加空间明亮感。

其他

1 墙面

2 柜体

3 吧台

4 玻璃

5 门板

6 百叶窗

7 家具

8 卧榻平台

9 楼梯

10 天地

11 灯光

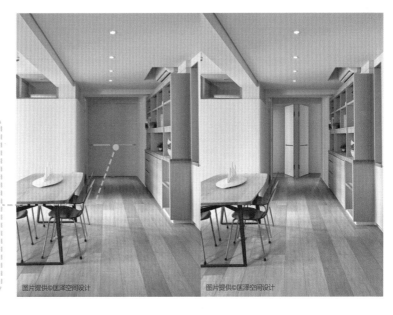

镂空把手设计，实用、透光兼美观

过道底端为主卧及儿童房，刻意拉成同一平面，并将门板改为白色木门，以对称镂空造型取代一般把手。门板透出的两条光带，形成有趣端景。

图片提供©匡泽空间设计

图片提供©匡泽空间设计

统一材质并拉高视觉高度

客房及主卧的门板，钢刷梧桐木皮呈现质感，并向上延伸至天花板，让空间拉高，视觉效果显得更宽敞。

图片提供©虫点子创意设计·室内设计工作室

6 百叶窗

6-1 玻璃+百叶窗或布帘
=隔断+隐私+调节采光

如果长期居住在阴暗的地方，身心都会变得不健康。所以一个舒适的居家空间，不见得要面积大，但一定要有较好的采光。但是，过度的采光也会带来西晒、刺眼的问题，因此适度的遮蔽，才能符合居家生活的需求。

适用空间——书房、卧室、客房、卫浴

需求达成

运用穿透的玻璃材质引光入室，再搭配具有遮光、调光作用的百叶窗、窗帘、卷帘等，让空间可开放、可密闭，亦可随阳光强弱及需求调整。

尺寸细节

要搭配长度适中的窗帘才能达到隐蔽目的，太短无法达到遮蔽功能，太长则容易绊倒、易脏难清洁。

● **各式风格可搭配的百叶窗或布帘**

在玻璃隔断区域使用百叶窗或布帘，最主要的目的除了调节采光，维持私密性是另一个需求。然而在功能之下，风格美感也需要纳入考量，不应为了功能而忽略美观，例如：禅风可搭配木卷帘、现代风可搭配铝百叶、乡村风可搭配花布帘等，既有不同的风格又顾及实用性。

图片提供©直学设计

图片提供©尤哒唯建筑师事务所

善用百叶窗，书房变客房

玻璃隔断的书房加装了百叶窗，当友人来访，拉下百叶窗就成了客房，且书房内的桌子和餐桌款式相同，若用餐人数较多，还可将书桌取出并在一块使用。

铝片百叶，私密性及采光性兼顾

由于主卧卫浴无采光，因此将隔墙改为玻璃，并安装铝片百叶窗，闭合时保有私密性，完全开启又能采光和通风。

图片提供©奇逸空间设计

图片提供©奇逸空间设计

图片提供©奇逸空间设计

玻璃＋遮光帘，弹性开合

清玻璃搭配遮光帘作为书房门，平时不论开启关上都能保持通透。把窗帘拉上即可形成单独的房间。

玻璃、木质拉门、布帘，弹性调整采光

悬吊式推拉门没有门框的局限，让空间更宽阔。利用玻璃、木质拉门、布帘三层介质特性，以顺应不同的光线与隐私需求。

图片提供©德力设计

图片提供©德力设计

图片提供©德力设计

7 家具

7-1 移动式桌几＝界定空间＋收纳

借活动家具，满足居家环境中诸如延伸空间、补充收纳空间等功能需求，腾出更宽敞的活动范围给居住者。

适用空间──客厅、书房、工作区

需求达成

以多功能的家具概念，简化空间中的家具，并将生活中经常会使用到的物品集中管理，让视线保持清爽，整个家看起来也更大了。

尺寸细节

沙发以低台度为主，具有放大空间的效果。边几则以方形较佳，不用时可收入柜子中，不占空间。

🔘 选用多功能家具

活动家具的款式繁多，挑选时除了要符合空间风格、个人喜好及设计预算之外，是否具备多重功能已经成为越来越多人重视的趋势。沙发尺寸模组化的款式可随空间需求加长、变短，能代替隔断墙成为空间的分界线。可收纳杂志、书籍、资料的滑轮推车型边几，则将茶几、书柜、工作桌的特质整合为一。

是移动边几，又是工作车

附有滑轮的活动边几，依置物性质分割内槽，在客厅是边几，在书房就是工作车。

图片提供©建构线设计

滚轮式茶几，可活动的收纳装置

设计师自行设计了一款茶几，下方加装滚轮，方便移动的同时，也是收纳箱，打开桌面就可置放小物或杂志。

图片提供©直学设计

是边几，也是茶几

有时客厅不一定要有茶几，挑选一款木质活动边几，方便移动、灵活使用。

图片提供©大雄室内设计

1 墙面

2 柜体

3 吧台

4 玻璃

5 门板

6 百叶窗

7 家具

8 卧榻平台

9 楼梯

10 天地

11 灯光

依墙而设的桌子＝阅读桌＋平台＋收纳柜＋梳妆台

居家空间是由天、地、壁组合而成的盒子，其中用途变化最多元的非墙壁莫属，整面墙可以留白也可以挂画，更可以赋予功能，沿着壁面"长"出桌子，不浪费任何可利用的空间。

适用空间——餐厅、卧室、客房、书房、儿童房、长辈房

需求达成

依照壁面所在位置需求的不同，可以规划为工作桌、书桌、梳妆台等，让墙面延伸，发挥最大的使用功效。

尺寸细节

桌子虽然有墙面支撑，但若桌板较宽，下方就需要以角料或铁件斜撑、加强强度。高度规划上，书桌高度约75厘米，吧台高度100～110厘米，同时要注意斜撑设计是否会撞到脚。

● **悬空桌板的形式**

利用墙面，结合悬空桌板的方式，不但不占位子，也能让空间功能更为完整。若是工作桌或书桌，可以简单的抽屉为主，再搭配落地收纳柜储物；若是梳妆台，则可以掀板结合镜子，方便梳妆、摆放保养品，旁边则可搭配床头柜，提升置物功能。

图片提供©KC design studio

写字桌＋平台＋收纳柜，功能三合一

利用窗边畸零角落设计写字桌，延伸餐桌使用区域，斜度造型维持餐厅宽敞，在内侧的桌面底端则结合收纳柜。

调整桌子高度，增加适用性

将长辈房兼儿童房的书桌高度降至72厘米，长辈坐下时不撞脚，孩子在爬行时也不至于撞到头。

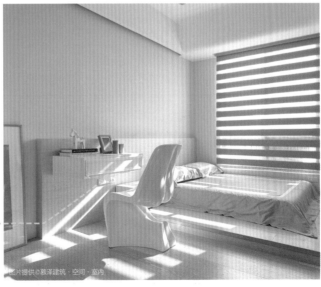

图片提供©颖泽建筑·空间·室内

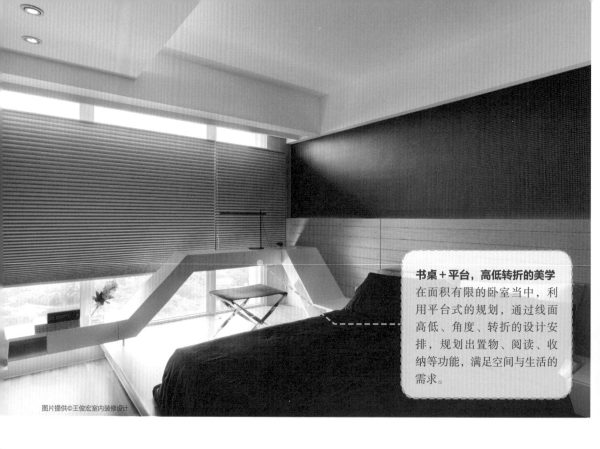

书桌＋平台，高低转折的美学
在面积有限的卧室当中，利用平台式的规划，通过线面高低、角度、转折的设计安排，规划出置物、阅读、收纳等功能，满足空间与生活的需求。

图片提供©王俊宏室内装修设计

图片提供©嘉泽建筑‧空间‧室内

图片提供©德力设计

高低桌顺应孩子成长期
采用卧榻设计的儿童房，利用桌面的高低差，创造不同年龄时期需求的书桌高度。

掀板收纳，维持整洁
梳妆台以掀板方式设计，将保养瓶罐和镜子都藏在桌内，方便收纳又实用。

图片提供©德力设计

1 墙面

2 柜体

3 吧台

4 玻璃

5 门板

6 百叶窗

7 家具

8 卧榻平台

9 楼梯

10 天地

11 灯光

7-3 可滑动或可伸缩的桌子
=工作桌＋书桌＋餐桌

在有限的空间里，有时无法拥有餐厅和书房，就算勉强规划出符合期待的格局，往往也不如理想中宽敞，放不下大小适合的桌子。为了满足居家生活的便利，桌子可以伸缩手法设计，视人数、场合加长，节省空间又不必担心不够使用。

适用空间——客厅、餐厅、书房

需求达成

平日两人使用的小餐桌，假日将餐桌拉开就成了适合多人的长餐桌；平常单人用的书桌，需要两人同时使用时，只需滑动即可满足需求，方便又不占空间。

尺寸细节

滑动桌的插座要配合滑动路线，设置在预期的停留点上；伸缩桌的插座则要规划在固定位置上，不随伸缩桌板移动，亦可在联结的柜体或桌上设置可移动的插座。

滑动桌的选材不宜过重

滑动桌或伸缩桌以方便、轻巧为原则，L型桌板只靠墙或柜与侧板支撑，因此必须特别注意材质和跨距。材质上可选用木芯板、夹板或钢板，但不适合使用重的石材，一来给下方支撑增加负担，二来移动也不够轻便。

柜体＋桌面 设计延伸功能

由于空间有限，利用木作材质，通过定制化的设计概念，将柜体结合桌面，使用功能做一体式的整合规划，可当工作台面、餐桌和书桌使用。

兼顾未来活动性的简约书桌

顾及未来的活动性，书桌采用卡榫方式固定于电视柜旁，只要抬起来就可以搬动。书桌后方设计线路槽，让台面保持整洁。

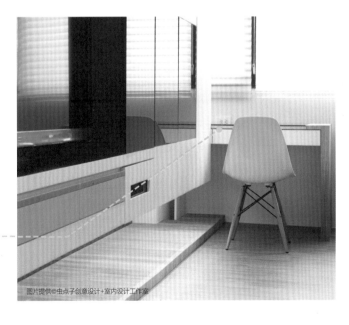

图片提供◎王俊宏室内装修设计

图片提供◎王俊宏室内装修设计

定制化家具，成为焦点意趣
卧眠空间通过窗下书桌定制
化的设计安排，运用木作材
质，具备阅读、收纳的双重
使用功能，规划设计柜体上
的可活动桌几，还可当作床
头置物使用。

图片提供©杰码室内设计

图片提供©虫点子创意设计+室内设计工作室

伸缩餐桌，客人再多也不怕

在开放空间中，将餐桌与书桌结合，当有客人到访时可将餐桌往外拉，能再容纳2～3人，搭配原木凳儿，亦可充当客厅的待客区。

对向书桌，功能强、省空间

较狭长的书房，放两张书桌太过拥挤，因此运用120厘米宽的木作桌，让男女主人相对而坐，既省空间又可视需求灵活移动书桌。

图片提供©PartiDesign Studio

图片提供©PartiDesign Studio

移动式桌子，增加使用弹性
运用书柜的第二块层板，嵌入轨道，设计可自由滑动的书桌，可依需求往卧榻移动或往外拉出，两侧摆放座椅独立使用。

其他

图片提供©德力设计

收整管线，简洁与休闲兼顾
局部变为落地窗框，改以强化玻璃替代，中间暗藏钢材与管线，以支撑无桌脚的写字台与点心餐台。

图片提供©德力设计

图片提供©大雄设计

图片提供©大雄设计

区隔空间兼引导动线
蜿蜒的曲线型低台度长沙发，兼具动线导引及区分空间的功能。

图片提供©奇逸空间设计

异材质结合，美观兼收纳
以L型矮墙与柱体为桌脚，使用木作外包覆大理石提升质感，柱体中段设计玻璃展示柜，下方挖空放电脑主机，上方则是收纳柜。

图片提供©奇逸空间设计

穿鞋椅结合展示柜成为玄关焦点
玄关深度够深，在中间摆放一张特别定制的穿鞋椅，特地加深座椅深度，同时满足出门与进门两个方向的穿鞋需求，并结合展示收纳功能，形成端景，也方便外出物品的拿取。

卧榻平台

 8-1 架高平台=观景平台+
收纳区+阅读区+儿童游戏区

为了善用每一寸空间，可将错层下方空间或窗下壁面区域规划为架高平台，让原本闲置的区域，展现出实用价值，帮居家生活创造出多功能的可能性。

适用空间——玄关、客厅、餐厅、书房、卧室、客房、儿童房

需求达成

靠窗的架高平台可供阅读、放空、谈心、观景，也可变作孩子的游戏区。平台下方则可作为储物箱或收纳抽屉，满足各种需求。

尺寸细节

卧榻平台的高度相当于座椅高度，一般为40~45厘米，但宽度要留60厘米，防止太浅坐起来不舒适。若要躺卧，则宽度至少要有80厘米。

 靠窗卧榻的材质需抗日晒

靠窗的卧榻平台经常会被阳光照射到，无论选择哪种材质，安装时都必须注意，防止其脱落、变色。若材质为木皮，上胶时应于附着面和木皮背面均匀涂胶，使其紧密贴合，被阳光照射才不易起泡脱落。若使用喷漆或烤漆，则要选用可抗紫外线的耐候漆，日晒下较不易变色。

随使用者定义的多元观景平台
沿着窗边设计矮柜，提供客厅一处可坐卧的观景平台。上方陈列、下方收纳，同时作为悬挂在结构墙的电视基座，赋予视觉稳定感。

图片提供©台北基础设计中心

餐椅与卧榻的结合
餐桌靠窗的座位区，配上舒适的坐垫、靠垫，形成餐椅兼卧榻的两种使用方式。

图片提供©奇逸空间设计

架高平台，增加独立性与储物空间

客厅后方的书房使用架高平台，为沙发创造靠背，利用底部增加储藏空间，也让工作区享有独立区域，视觉仍旧保持通透。

兼具阅读与工作功能的休憩平台

书房架高平台是为了包覆地面上遮挡反梁的凸物，利用窗边转角空间规划小型工作区，连同一旁的书柜，将此区形塑为令人放松的休憩阅读区。

玄关架高椅延伸至厨房
具收纳功能的卧榻，从玄关穿鞋椅一直延伸至厨房餐桌，中间设计一扇铁件拉门，在必要时开合界定空间。

图片提供©虫点子创意设计+室内设计工作室

图片提供©PartiDesign Studio

图片提供©PartiDesign Studio

图片提供©王俊宏室内装修设计

上掀式门板，节省空间、增加收纳

书房的窗边卧榻是工作区的延伸，内含底部收纳，并使用上掀门板省去抽屉拉出所占的空间，提升使用便利性。

连贯建构书桌与平台功能

空间使用面积有限，在建立功能的设计上，借由书桌的设计连接窗台下的平台，横向构成完整的台面，除了阅读功能之外，也可以摆放生活小物件，满足空间表情的变化。

图片提供©德力设计

卧榻＋玩具展示平台，成为儿童游戏区

利用窗下畸零空间，改造成卧榻游戏区，因孩童与成人的高度不同，卧榻下设置抽屉方便孩子使用。

图片提供©德力设计

8-2 薄型平台
=客厅电视柜+展示平台

随着电视越来越轻薄，电视柜的设计逐渐摆脱传统笨重、高耸的柜体，倾向于线条简单、轻盈的平台形式，再加上许多影音设备的造型都媲美艺术品，展示出来作为居家摆饰品也非常好看。

适用空间——客厅

需求达成

借由利落简约的薄型平台整合电视柜与展示功能，让视听设备、家饰品、收藏品都能融入于生活中而不显突兀。

尺寸细节

设计时，平台的厚度、高度、长度都要依照空间调整，并非越薄越好，而是在充分考虑整体美感后再决定适当的厚薄度。

薄型平台尤重管线预留与散热问题

薄型平台的高度较低、外露部分较多，因此电视及各式设备的线路必须先规划好预埋位置，才不至在完工后发生线路无处可藏，造成居家杂乱、要走明线的问题。另外，也要考虑设备的散热问题，事先测量好机器尺寸再设计柜体，预留适当的散热空间。

图片提供©丰聚室内装修设计

从造型台面延伸成临窗观景平台
电视墙的造型展示台面一直延伸到窗下，形成一体成型的展示台，可置物展示，也可放几个抱枕临窗而坐，享受窗外美景。

图片提供©丰聚室内装修设计

电视墙平台与窗台架高连成一体
为维持空间的简约调性，电视墙以一长型平台呈现，下方收纳视听设备。窗下空间则将地板架高15～20厘米，借由地板线的抬高，让窗户看起来更大。

图片提供©电点子创意设计+室内设计工作室

9 楼梯

9-1 悬浮梯=台阶+灯箱

楼梯的功能在于连接楼层与楼层，首重安全、稳固，因此在结构和载重上都必须慎重，但即便如此，也不代表楼梯就得笨重，反而更要以轻巧的设计制造悬浮感，让大量体变得轻盈。

适用空间——玄关、客厅、过道

需求达成

通过架高台阶的悬空手法，以及在梯座处配置灯光的设计，可制造楼梯仿佛漂浮在空间中的错觉，削减量体的巨大感。

尺寸细节

楼梯台阶以符合一个步伐的距离为准，高度为15～18厘米，深度则约25～30厘米。楼梯与地面的夹角则约为30度，但若因为设计和造型的关系，需要增加台阶深度，高度也应相对减少。

● 为避免箱体破口，应以面板遮蔽

灯箱设计除了制造轻盈的漂浮感及提供照明功能之外，也不希望从外看到里面的灯具，因此要避免箱体破口。可以加设面板达到遮蔽效果，另外注意不要断光，才能让灯光保持顺畅的延续性。

图片提供©大湖森林室内设计

是阶梯，是灯箱，也是漂浮的艺术品
运用结构量体的衔接及架设，梯座看似漂浮，却坚固无比。梧桐钢刷拼贴创造树影层次，灯光照射下产生不同的光影变化。

图片提供©大湖森林室内设计

90度转弯，悬浮平台为空间聚焦

以花岗石烧面制成的台阶，利用第一阶为基座，将第二阶延伸90度转至玄关面，让下方产生透空并嵌入间接灯光，形成悬浮效果。

悬吊梯，动线兼儿童游戏区

以悬吊式锈铁构件作为户外楼梯的钢架，搭配回收的旧轨道枕木、水泥空心砖，让材质肌理呈现出空间自然感。

图片提供©大湖森林室内设计

图片提供©匡泽空间设计

台阶加宽，使镂空梯间更具延伸感

透过镂空设计，让原本窄小的梯间得以透光。台阶改铺木板面，一楼第一阶则改为大面积水泥台阶，让使用者在此自然而然脱鞋。

图片提供©匡泽空间设计

10 天地

10-1 地板=空间界定+区隔内外

空间的界定不是只有利用实墙隔断才能做到，在开放式设计趋势的影响下，减少隔断墙，以地板材质、颜色的不同，达到区隔各区域的目的，成为居家空间常见的手法。

适用空间——玄关、客厅

需求达成

过多的隔断墙会使空间被压缩、切割，显得窄迫。因此可通过地板材质的差异性，制造清楚且无阻碍的区域性，并维持空间的开阔。

尺寸细节

玄关是室内外空间的分界，除了以材质划分区域之外，也可将公共空间的地板垫高约2厘米，以高度落差区分领域，同时规划出落尘区。

💡 **选用不同地板，同时塑造风格**

地板材质的种类众多，可依据空间属性及风格挑选石材、木地板、地砖等，界定各个领域，即便是同类型的地材，也可以选择色彩、纹路不同的款式相互搭配，借着一深一浅、一亮一雾的对比区隔空间。除了地板材质之外，亦可利用大块地毯定义空间，有助于提升整体暖度。

图片提供©虫点子创意设计+室内设计工作室

不同地板材质，隐性区隔空间
空间的界定不一定要做隔断墙，运用大面积的地毯及不同材质或色彩的地板，也可为隐性空间定义。

透过界面高度，圈围落尘区
利用雾面石材与木地板这两种不同材质界定玄关及室内空间，并将木地板高度垫高，将落尘区划分出来。

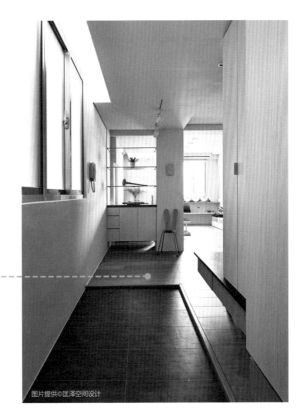

图片提供©匡泽空间设计

天花板=美形+收纳+遮梁

天花板是构成空间的基本条件，虽然处于要抬头才看得到的位置，但设计的适当与否，却大大影响着整体空间的风格，因此在造型美感、实用功能上都应该多加着墨。

适用空间——玄关、客厅、餐厅、书房、卧室、过道

需求达成

房屋结构的大梁可利用天花板修饰遮挡，也可以善用天花板与楼板间的空间作为收纳区。

尺寸细节

天花板离地高度至少要有2.2米，才不至产生压迫感，如果有梁的话，必须考虑包梁后的高度是否太低，过低时则应选择其他设计手法。

🔖 **天花板施工应注意下角料与支撑强度问题**

天花板收纳多半会与梁结合，目的为修饰大梁并增加收纳功能。通常会以木作为主，施工时要请木工注意下角料的方式及支撑强度的问题，一般来说，天花板的角料距离50～60厘米，若要做收纳，角料距必须更密，以免天花板承重力不足而塌陷。

图片提供©KC design studio

既是造型，亦是分界线
单独架构在餐厅上方的木作造型天花板，成为开放式客餐厅之间无形的空间分界线。

图片提供©匡泽空间设计

流明天花板，是引导也修饰梁柱
玄关一进门即遇到大梁，因此用木作流明天花板修饰，并与地板呼应，界定内外空间。

图片提供©王俊宏室内装修设计

图片提供©王俊宏室内装修设计

隔屏＋天花板，完美创意延伸

天花板设计上摒除传统线条或封闭、统一高度的木作设计，利用铁件以格栅的方式，重新建立光线穿透漫射的效果，并延伸成为立面，取代隔屏介质的具象变化。

图片提供©大雄设计

转折、美化、收纳

从天花板延伸而来的厚折板设计，一面引光、穿透、遮梁，另一面也是实用的展示书柜。

收纳往上扩充，完全不占空间

主卧床上方的包梁天花板，特别加强角料及结构，做出一排收纳柜，既不占空间又能增加储物功能。

图片提供©虫点子创意设计+室内设计工作室

11 灯光

11-1 灯光=线性光带+视觉引导

居家空间的自然采光固然重要，但灯光同样是不能忽视的设计环节，除了最基本的照明功能之外，很多时候，灯光更是风格造型的一部分，当夜幕低垂时，灯光就是家中气氛的制造者。

适用空间——玄关、客厅、餐厅、卧室、书房、过道

需求达成

在墙面、柜子、楼梯扶手、台阶等处，运用光带方式设计兼具照明与导引视线的灯光，不但能延伸空间线条，也能充当夜灯，使夜间行走更加安全。

尺寸细节

可选择LED灯带或T5灯管，LED灯带的材质软，可随造型弯曲适合曲线造型，灯光能随之延续；T5灯管适合直线造型，必须交错排列、重叠约15厘米，以避免发生断光状况。

🔵 光带设计，直接与间接照明的不同手法

光带的设计手法可分为间接照明和直接照明，采用间接照明手法时，光带的开口宽度与上方距离要保持20～25厘米，光线才会均匀洒落；采用直接照明手法时，覆盖在上的材质会影响光线强弱，同时也要注意眩光问题，可装设调光器以便调整光线明暗。

光带成为空间亮点
背板使用亮面烤漆具反射效果，在层板下嵌入灯柱，即使没放展示品，光带依旧是墙面的亮点。

图片提供©奇逸空间设计

灯光设计与收纳功能的完美融合
通过灯光的连贯与高度变化，会或多或少影响空间的氛围。运用铁件、木作材质，通过延伸的方式，与收纳功能结合，成为书桌上方的阅读主要灯光与台面意象。

图片提供©王俊宏室内装修设计

跨越楼面，随光而行
楼梯扶手与楼板内嵌LED灯，
制造出光带效果，同时具有动
线引导与照明的功能。

图片提供©德力设计

通过灯带律动，为墙装点变化

玄关处壁面，左右两侧采用T5灯管间接照明，以渐变的律动方式创造轻盈感，并采些微弧曲变化，与45厘米深的鞋柜衔接。

是扶手，也是光带照明

楼梯左右均为墙面，在左侧墙设计凹槽，并安装LED灯带，增加扶手功能，同时也是照明小夜灯。

图片提供©大湖森林室内设计

图书在版编目（CIP）数据

我的家我来设计：101个小空间大格局聪明设计小绝
招 / 原点编辑部编 . -- 昆明：云南人民出版社，
2020.11
　ISBN 978-7-222-19508-0

　Ⅰ . ①我… Ⅱ . ①原… Ⅲ . ①住宅－室内装饰设计
Ⅳ . ①TU241

　中国版本图书馆CIP数据核字(2020)第163940号

出 品 人：赵石定
特约编辑：李　晶　李贞玲
责任编辑：王　逍
装帧设计：Edge_Design
责任校对：任　娜
责任印制：代隆参

我的家我来设计：101个小空间大格局聪明设计小绝招
WO DE JIA WO LAI SHEJI: 101 GE XIAO KONGJIAN DA GEJU CONGMING SHEJI XIAO JUEZHAO
原点编辑部　著

出版	云南出版集团　云南人民出版社
发行	云南人民出版社
社址	昆明市环城西路609号
邮编	650034
网址	www.ynpph.com.cn
E-mail	ynrms@sina.com
开本	787mm×1092mm　1/16
印张	20
字数	240千
版次	2020年11月第1版第1次印刷
印刷	三河市天润建兴印务有限公司
书号	ISBN 978-7-222-19508-0
定价	69.00元